小俣光之 ●著

ルーター自作でわかる
パケットの流れ

ソースコードで体感するネットワークのしくみ

技術評論社

●免責

　本書に記載された内容は、情報の提供のみを目的としています。したがって、本書を用いた運用は、必ずお客様自身の責任と判断によって行ってください。これらの情報の運用の結果について、技術評論社および著者はいかなる責任も負いません。

　本書記載の情報は、2011年6月16日現在のものを掲載していますので、ご利用時には、変更されている場合もあります。

　また、ソフトウェアはバージョンアップされる場合があり、本書での説明とは機能内容や画面図などが異なってしまうこともあり得ます。本書ご購入の前に、必ずバージョン番号をご確認ください。

　以上の注意事項をご承諾いただいた上で、本書をご利用願います。これらの注意事項をお読みいただかずに、お問い合わせいただいても、技術評論社および著者は対処しかねます。あらかじめ、ご承知おきください。

●商標、登録商標について

　本文中に記載されている製品の名称は、一般に関係各社の商標または登録商標です。なお、本文中では™、®などのマークを省略しています。

はじめに

インターネット（Internet）は今や空気のような存在になり、ネットワークなどにまったく興味のない人でも、ゲーム機や携帯電話で知らず知らずのうちにインターネットを使っています。

インターネットはIP（Internet Protocol）で実現されています。そのベースになってるのはイーサネット（Ethernet）です。イーサネットを使ってIPパケットが運ばれます。通信データがTCP（Transmission Control Protocol）やUDP（User Datagram Protocol）の仕組みを使い、それらをIPの仕組みでイーサネットのパケットとして、さまざまなネットワーク機器によって中継しながら通信が行われます。それによって世界を結ぶインターネットが実現されています。

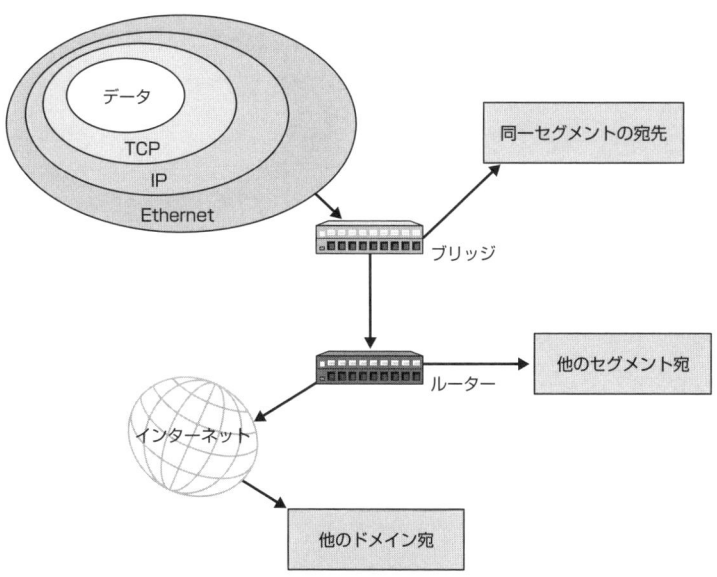

はじめに

　ところで皆さんはパケットがどのようにネットワーク機器で中継されているのか、「パケットの気持ちになって」考えてみたことはありますか？ TCP や UDP の使い方は知っている人でも、実際にパケットがどのように流れているのかを知っている人は意外と少ないのではないでしょうか。

　本書では Linux 上で「プログラムとして」ブリッジやルーターを作りながら、イーサーネットでのパケットの流れを理解していきます。低いレイヤーでのネットワークプログラミングのテクニックを身につけるとともに、パケットがどのようにネットワーク機器によって中継されているのかを「パケットの気持ちになって」考えてみることで、ネットワークの理解とネットワークプログラミングの理解を深めることが目的です。

　Linux の一般的なネットワークプログラミングでは、ソケット API を使いながら、TCP や UDP で通信するケースがほとんどです。TCP や UDP は通信を誰でも「簡単に」「安全に」行えるように考えられていますので、ネットワークの仕組みをあまりよく知らなくても、「それなりに」使えるプログラムを組むことができます。「通信アプリケーションを作る」という目的であればそれでも良いのですが、それではネットワークの楽しさの半分くらいしか味わえていないとも言えます。

　イーサーネットでは、ブリッジやルーターによってパケットが中継されることによって通信できています。ブリッジやルーターがどのような役目を果たしているのかを知っていれば、「イーサーネットでこんなことがしたい」と思ったときに、どうすれば実現できるかをより幅広く考えることができますし、障害発生時に問題を切り分ける力も身につきます。

　理解するためには「ブリッジやルーターの気持ちになってみる」のが一番です。つまり、作ってみるのが早道なのです。
　「ブリッジやルーターはハードウェアで、中では電気的な処理が行われているのだろう」と、ブラックボックス的に考えている人は多いのではないでしょうか。リピーターは電気的な中継だけともいえますが、ブリッジはMAC アドレスによりパケットを配信するポートを選択しますし、ルーターはパケットの書き換えや、経路の選択、MAC アドレスの解決など、さ

まざまな処理を行っています。そしてそれらは基本的にソフトウェアで実現可能なことです。

　Linuxには直接ネットワークインターフェースからデータを受信したり、送信したりすることができるような仕組みが用意されています。TCPやUDPを使うプログラミングよりは少々考えることが増えますが、ほとんど同じような感じで直接イーサーネットパケットを扱うことができます。直接イーサネットパケットを送受信できるということは、「イーサネット上でできることは何でもできる」のです。IPと同じような仕組みを自作することもできますし、独自のプロトコルを作ることもできます。IPレベルやTCP／UDPレベルのパケットを自由に送受信できるということは、通信を監視することもできますし、正常な通信を妨害することもできます。あるいは、普通のブリッジやルーターではできないような仕組みを付加することもできますし、普通のTCPやUDPではできないような機能を実現することもできます。イーサネットパケットを自由に扱えるようになると、イーサネットを理解し、使いこなすことができるような自由を手に入れることができるのです。

　その気になればすぐに作って動かして試してみることができるのが、ソフトウェアの最大の魅力です。ネットワークの難しい理屈や幅広い知識を身につけるよりも、まずは作って動かしてみると様子が具体的に見えてきます。ブリッジやルーターを自作して、実際にパケットを中継しながらイーサネットの理解を深めてみましょう。

　なお、本書はパケットを中継しながらネットワークの仕組みを理解すると同時に、リンクレイヤーでパケットを扱う方法を説明することを主眼としています。パケットを転送するのに最低限必要なARPは扱いますが、ルーティングに関しては触れていません。ルーターを自作する際には、単に上位ルーターを1つ指定するだけにして、サンプルをシンプルにしています。スタティック・ルーティングは上位ルーターを複数指定できるよ

うにすることで簡単に応用できますし、ダイナミック・ルーティングもルーティングプロトコルを扱うように応用すれば対応できます。興味がある方はチャレンジしてみてください。

ブリッジとルーターを自作する準備

■開発・動作環境

・ハードウェア：ネットワークインターフェース：2個
・OS：Linux：本書ではCentOS 5.5を使用
・コンパイラ：gcc

　本書では、LinuxにCentOS 5.5を使用し、ハードウェアの条件としてはネットワークインターフェースが2個ある環境で動作する、ブリッジとルーターを開発します。LinuxはCentOS以外でも基本的にはそのまま動作するはずです。開発言語にはC言語を使用し、コンパイラはgccを使います。一般的なLinuxの開発環境で、特別なものは必要ありません。

　ネットワークインターフェースが2つ必要というのが引っかかるかもしれませんが、Linuxでも使えるUSBのネットワークアダプタや、ノートPCでしたら有線LANと無線LANの2つでもかまいません。

■必要な技術

・LinuxでのC言語プログラミング
・socketネットワークプログラミング
・pthreadマルチスレッドプログラミング
・Linuxでのリンクレイヤープログラミング
・Ethernet／IP／ARP／ICMP／TCP／UDPの知識

　本書で紹介する、ブリッジやルーターを自作するために必要な技術としてまず挙げられるのは、LinuxでのC言語プログラミングです。本書ではC言語の入門的な内容は説明しませんので、自信のない方は他の入門書を

参照してみてください。

socketライブラリを使ったネットワークプログラミングの知識も必要です。必要に応じて説明していますが、体系的に学びたい方は、以下のようなLinuxでのC言語プログラミング、あるいはネットワークプログラミングの参考書を参照してください。

- 『C言語による実践Linuxシステムプログラミング』（秀和システム 刊）
- 『Linuxネットワークプログラミングバイブル』（秀和システム 刊）

pthreadを使ったマルチスレッドプログラミングも行いますが、スレッドの扱い方は非常にシンプルですので、それほど理解に苦しむことはないでしょう。

LinuxでのリンクレイヤープログラミングのI知識と、各ネットワークプロトコルの扱い方は本書の一番のポイントです。「リンクレイヤープログラミングの基本」「パケットキャプチャを作ってみる」でサンプルソースを紹介しながら説明します。

本書のサンプルソースは以下からダウンロードできます。

http://gihyo.jp/book/2011/978-4-7741-4745-1

Contents 目次

第1章 ネットワーク機器は何をしているのか　13

1-1 ルーターやブリッジは何をしているのか　14
パケット送信の流れ　14
ブリッジとルーターはどこが違うのか　15

1-2 ネットワークの基礎知識　22
プロトコル　22
階層　22
パケット　24
Ethernet パケット　25
ARP パケット　27
IP パケット　31
ICMP パケット　37
コラム　ネットワークプログラミングの魅力　41

第2章 リンクレイヤープログラミングの基本　43

2-1 データリンク層を扱うサンプルプログラム　44
プログラムからデータリンク層を扱うには　44

処理の流れ 45
関数の構成 45
サンプルソース 46

2-2　作成したプログラムを実行する　　　　　　　　　　55

Makefile 55
ビルド 56
実行 56
受信パケットの詳細は PCAP で 57
コラム　OS の違いとリンクレイヤープログラミング 59

第3章　パケットキャプチャを作ってみる　　61

3-1　リンクレイヤーからのパケットを解析する　　　　　62

処理の流れ 62
関数の構成 62

3-2　キャプチャのメイン処理　〜サンプルソース 1 pcap.c　65

ヘッダファイルのインクルード 65
データリンク層を扱うディスクリプタを得る 65
Ethenet ヘッダの内容を表示する 67

3-3　パケットを解析する　〜サンプルソース 2 analyze.c　69

ヘッダのインクルード 69
各パケットを解析する 70

3-4　内容表示用関数を記述する〜サンプルソース 3 print.c　81

ヘッダファイルをインクルードする 81
アドレスデータを文字化する 82
各ヘッダを表示する 83

3-5 チェックサムをチェックする～サンプルソース 4 checksum.c　92
ヘッダファイルをインクルードする 92
疑似ヘッダを定義する 92
チェックサムを計算する 93
サンプルソースに含まれる関数のプロトタイプ宣言 98

3-6 パケットキャプチャで解析を実行する　100
Makefile 100
ビルド 100
実行 101
"自力で"パケット解析の練習を！ 102

第4章　ブリッジを作ろう　103

4-1 ブリッジ作りで Ethernet パケットの扱いに慣れる　104
環境 105
処理の流れ 105
関数の構成 106

4-2 ブリッジのサンプルソースを見る　107
main.c 107
netutil.c 113

4-3 作成したブリッジを実行する　117
Makefile 117
ビルド 117
実行 118
スイッチング HUB 化するには 118
意外と広いブリッジの応用範囲 120
コラム　ネットワークシステムをリリースする時の緊張 121

第5章 ルーターを作ろう　　123

5-1　ルーターの仕組みを知る　　124

パケットの加工 125
送信先の判定 125
送信先 MAC アドレスの調査 125
MAC アドレスの書き換え 126
送信先の判定 127
送信先 MAC アドレスの調査 127
環境 128
処理の流れ 128
関数の構成 129
MAC テーブル／送信バッファ／送信待ちデータ 130

5-2　ARPと送信待ちデータ関連のソースを追加する　～サンプルソース1 base.h　133

ネットワークインタフェースの情報 133
ルーターの振る舞い 133

5-3　ルーターのメイン処理を記述する　～サンプルソース2 main.c　135

ヘッダファイルのインクルード 135
動作パラメータを保持する 136
変数の定義 136
デバッグ用出力の ON/OFF 137
パケットの送受信と内容のチェック 137
メイン関数の記述 147

5-4　ネットワーク関連の関数を記述する　～サンプルソース3 netutil.c　150

ヘッダファイルのインクルード 150
ネットワークインターフェースの情報を得る 152
Ethernet ヘッダを表示する 154
チェックサムを計算する 155
ARP リクエストを送信する 158

関数のプロトタイプを宣言する 160

5-5　IPアドレスとMACアドレスを紐付ける　〜サンプルソース4 ip2mac.c　161

ヘッダファイルのインクルード 161
独自ARPテーブルの検索 162
データの送受信 166
関数のプロトタイプ宣言 172

5-6　送信待ちバッファのデータを管理する　〜サンプルソース5 sendBuf.c　173

ヘッダファイルのインクルード 173
MACアドレスが解決できないときの処理 174
関数のプロトタイプ宣言 177

5-7　ルーターを実行する　178

Makefile 178
ビルド 178
実行 178
応用　〜ルーター自作のメリット 181

第 1 章

ネットワーク機器は何をしているのか

第 1 章 ネットワーク機器は何をしているのか

ルーターやブリッジは何をしているのか

　本書ではブリッジやルーターを自作してネットワークの理解を深めることを目的としていますが、ネットワークの概念やプロトコルを多少は頭に入れておかないと、ブリッジやルーターの役割も理解できません。そこで最低限必要な部分を簡単に紹介しておきます。最初に全部暗記する必要はなく、実際にプログラムを作りながら読み直す感じでも大丈夫です。

　本書で対象とするのは、インターネットを構成するネットワークですので、説明も IP(Internet Protocol) を中心に行います。

パケット送信の流れ

　プログラムがネットワークで通信しようとする場合、一般的に Linux ではソケット API を使用します。TCP と UDP で少し流れが異なりますが、宛先の IP アドレス・ポート番号を指定してデータを送信するようにソケット API を呼び出します。Linux の場合はソケットインターフェースはカーネルに実装されていますので、データや宛先をカーネルに渡します。カーネルは TCP または UDP のヘッダを付け、IP ヘッダを付加します。宛先が同一セグメントであれば ARP の仕組みにより IP アドレスに対応する MAC アドレスを、他のセグメントであれば経路情報からルーターを特定してその MAC アドレスをセットして Ethernet ヘッダを付加します。こうして Ethernet パケットとしてネットワークインターフェースから送出します（図 1-1）。

● 図1-1　パケット送信の流れ

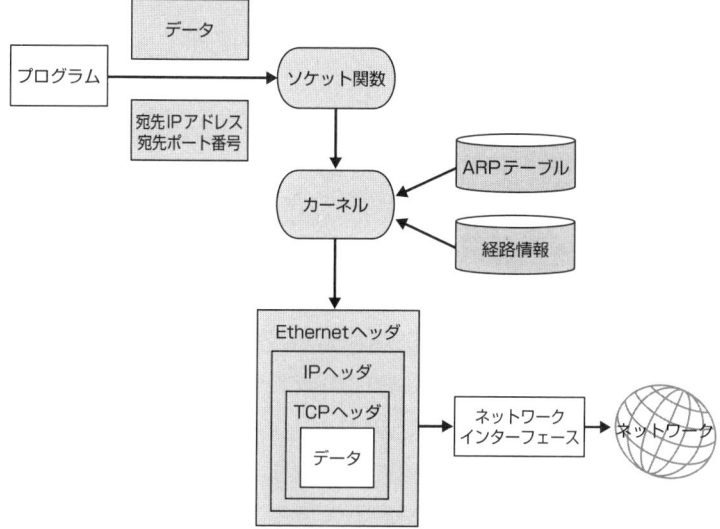

ブリッジとルーターはどこが違うのか

　本書ではブリッジとルーターを作りながら、ネットワークの理解を深めることを目的としていますので、ここでブリッジとルーターがネットワークパケットにどのように関わっているのかも見ておきましょう。

■ブリッジ

　ブリッジとは、OSI参照モデルのデータリンク層（第2層）で動作するネットワーク機器です。データリンク層がEthernetであれば、送信先を判断するためにMACアドレスを利用して中継する機器ということになります（図1-2）。

第1章 ネットワーク機器は何をしているのか

○ 図1-2 ブリッジはMACアドレスで送信先を判断する

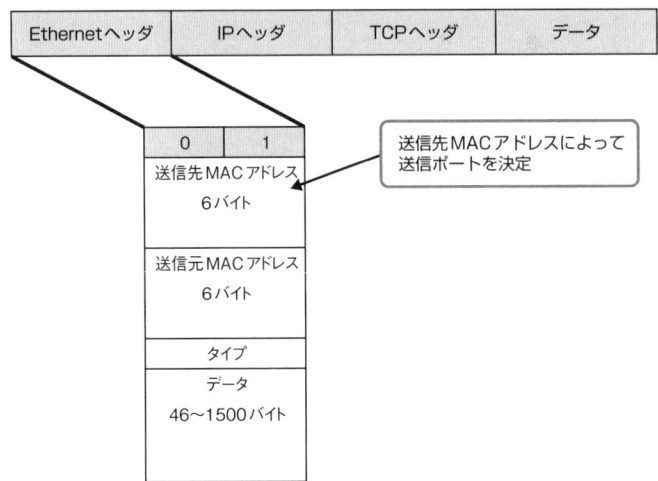

　物理層（第1層）で中継する機器としてはリピーターがありますが、こちらは送信先に関係なく、つながっているすべての端末にデータを中継します。一方ブリッジはMACアドレスで送信先を判別して中継するという点が異なります。リピーターをHUBと表現し、ブリッジをL2スイッチと表現することもあります。

　IPではブリッジを介して通信ができるのは同一ネットワークセグメントのみです。IPでは送信先IPアドレスから送信先MACアドレス調べるのにARPを使いますが、ARPはブロードキャストを使用するため、ブロードキャストが届く範囲、つまり同一セグメントしか調べられません。異なるセグメントと通信するためにはルーターが必要になります（図1-3）。

▶図1-3　IPではブリッジを介して通信できるのは同一セグメントのみ

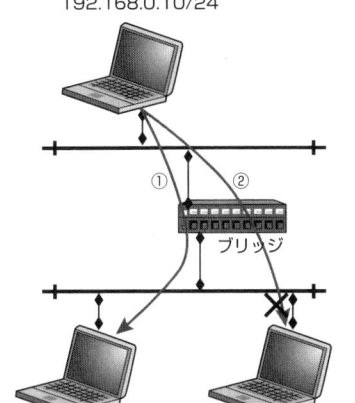

① 192.168.0.10 から 192.168.0.11 にデータを送信
→ 192.168.0.11 は自分が属しているネットワークセグメント
　　→ 直接ターゲットホストに対して送信する
→ ターゲットホスト（192.168.0.11）を ARP で調査
　　→ ターゲットホストから ARP 応答：ターゲットホストの MAC アドレスがわかる
→ 192.168.0.10 から 192.168.0.11 宛にパケットを送信

② 192.168.0.10 から 192.168.100.10 にデータを送信
→ 192.168.100.10 は自分が属しているネットワークセグメントではない
　　→ 直接送信できない

■ルーター

　ルーターとは、異なるネットワークセグメントを中継するための機器で、OSI参照モデルのネットワーク層（第3層）で動作するネットワーク機器です。ネットワーク層がIPであれば、送信先を判断するためにIPアドレスを利用して中継します（図1-4）。

●図 1-4　ルーターは IP アドレスで送信先を判断する

Ethernetヘッダ		IPヘッダ		TCPヘッダ		データ	

0		1		2		3	
バージョン	データ長	サービスタイプ		全データ長			
識別				フラグ		フラグメントオフセット	
生存時間		プロトコル		ヘッダチェックサム			
送信元 IP アドレス							
送信先 IP アドレス							
オプション（不定長）					パディング		
データ							

送信先IPアドレスによって送信先を決定

　ルーターはそれぞれのポートごとに IP アドレスを持っています。送信元は他のセグメント宛のパケットを送信する際に、ルーターの IP アドレスに送信します。ルーターのつながっているセグメント宛であれば、直接配送し、そうでない場合はさらに上位のルーターの IP アドレスに送信して転送してもらいます（図 1-5）。

●図 1-5　ルーターは同一セグメント宛のパケットは直接配送し、異なるセグメント宛の場合は上位ルーターに転送してもらう

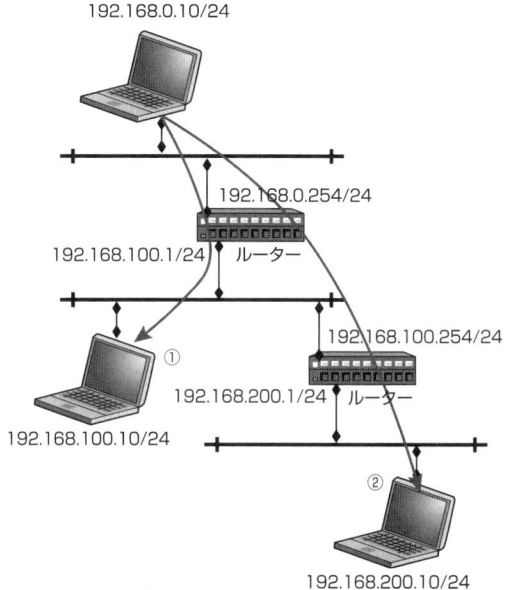

① 192.168.0.10 から 192.168.100.10 にデータを送信
→ 192.168.100.10 は自分が属しているネットワークセグメントではない
　　── ルーター宛にパケットを送信する
→ルーター (192.168.0.254) を ARP で調査
　　── ルーターから ARP 応答：ルーターの MAC アドレスがわかる
→ 192.168.0.10 から 192.168.0.254 宛にパケットを送信
→ 192.168.100.10 はルーターが属しているセグメント
　　── 直接ターゲットホストに対して送信する
→ターゲットホスト (192.168.100.10) を ARP で調査
　　── ターゲットホストから ARP 応答：ターゲットホストの MAC アドレスがわかる
→ 192.168.100.1 から 192.168.100.10 宛にパケットを送信

② 192.168.0.10 から 192.168.200.10 にデータを送信
→ 192.168.200.10 は自分が属しているネットワークセグメントではない
　　── ルーター宛にパケットを送信する
→ルーター (192.168.0.254) を ARP で調査
　　── ルーターから ARP 応答：ルーターの MAC アドレスがわかる
→ 192.168.0.10 から 192.168.0.254 宛にパケットを送信
→ 192.168.200.10 はルーターが属しているセグメントではない
　　── 次のルーター宛にパケットを送信する
→ルーター (192.168.100.254) を ARP で調査
　　── ルーターから ARP 応答：ルーターの MAC アドレスがわかる
→ 192.168.100.1 から 192.168.100.254 宛にパケットを送信
→ 192.168.200.10 はルーターが属しているセグメント
　　── 直接ターゲットホストに対して送信する
→ターゲットホスト (192.168.200.10) を ARP で調査
　　── ターゲットホストから ARP 応答：ターゲットホストの MAC アドレスがわかる
→ 192.168.200.1 から 192.168.200.10 宛にパケットを送信

　この連鎖によって全世界のインターネットが通信できるようになっているというわけです。

　複数のネットワークセグメントを接続するために、経路制御もルーターの大切な役割となります。

　ルーターの中には単に複数のネットワークセグメントを接続するのみではなく、PPPoE などでインターネットサービスプロバイダとの認証を行ったり、NAT などの機能を持つものも一般的です。

ブリッジもルーターもネットワークを中継する機器ですが

・ブリッジ　→　同一ネットワークセグメントを中継する
・ルーター　→　異なるネットワークセグメントを中継する

という違いとなります。

　具体的にどのような処理の違いになるのかを見てみましょう。説明の簡略化のため、ブリッジ・ルーターのネットワークインターフェースは2個しかないと仮定して考えてみます。

●図1-6　ブリッジの処理

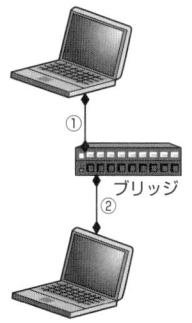

ブリッジのネットワークインターフェース①からパケットを受信
↓
ブリッジのネットワークインターフェース②からパケットを送信

※複数のネットワークインターフェースがある場合は、送信先MACアドレスにより送信するネットワークインターフェースを選択する処理が加わります。

●図1-7　ルーターの処理

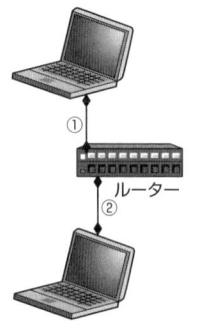

ルーターのネットワークインターフェース①からパケットを受信
↓
→　送信先IPアドレスがネットワークインターフェース②のセグメント
↓
送信先のMACアドレスをARPで解決
↓
パケットの送信元MACアドレス、送信先MACアドレスを書き換え
↓

```
      ↓
   IP ヘッダの TTL を減らす
      ↓
   ルーターのネットワークインターフェース②からパ
   ケットを送信

送信先 IP アドレスがネットワークインターフェース②
のセグメント以外
      ↓
上位ルーターの MAC アドレスを ARP で解決
      ↓
パケットの送信元 MAC アドレス、送信先 MAC アドレ
スを書き換え
      ↓
IP ヘッダの TTL を減らす
      ↓
ルーターのネットワークインターフェース②からパケッ
トを送信
```

　このように、ブリッジは基本的にパケットの内容の加工は行わず、そのまま中継しますが、ルーターはパケットの書き換えが必要です。ブリッジは MAC アドレスで送信先を決定しますが、ルーターは IP アドレスで送信先を指定します。MAC アドレスと IP アドレスの紐付けは ARP で行いますが、それらは同一セグメント内でしか使えない仕組みです。そこで、他のセグメントとの通信を行いたい場合はルーターに依頼し、ルーターが他方のセグメントの MAC アドレス解決を行って通信するという役割を担うわけです。他方のセグメントでもない場合は、さらに上位のルーターに依頼するという連携を行います。

1-2 ネットワークの基礎知識

以下に用語解説を含め、個別に詳細を説明します。覚えるのは大変ですので、ざっと眺めたあとで、ブリッジやルーターを作る際にも都度参照してみてください。

プロトコル

ネットワークとは、複数の情報機器を接続し、データを交換・共有するシステムのことです。お互いに取り決めがない状態で勝手にデータを送出しても受け手は理解できませんので、プロトコル (protocol) と呼ばれる、コンピューターが通信を行う際の約束事を決めて、それに従ってデータの送受信を行います。

プロトコルは目的に応じてさまざまな種類が定義されています。例えば TCP/IP や UDP/IP などは聞いたことがあると思います。TCP は Transmission Control Protocol、UDP は User Datagram Protocol、IP は Internet Protocol の略語で、それぞれ目的に合った通信の約束事を定義しています。

階層

ネットワークは、階層化することで機能の強化や修正を容易にしています。例えば TCP/IP も UDP/IP も IP を使って実現されており、目的達成に足りない部分を TCP や UDP で拡張している、というような感じです。

階層モデルで必ず登場するのが、ISO(International Organization for Standardization) が提唱する、OSI(Open System Interconnection) 参照モデルです。OSI 参照モデルでは役割ごとに 7 つの階層を定義しています。

OSI 参照モデル
● 表1　OSI7 階層モデル

第7層	アプリケーション層	データ通信を利用した様々なサービスを人間や他のプログラムに提供する。
第6層	プレゼンテーション層	第5層から受け取ったデータをユーザがわかりやすい形式に変換したり、第7層から送られてくるデータを通信に適した形式に変換する。
第5層	セッション層	通信プログラム同士がデータの送受信を行うための仮想的な経路（コネクション）の確立や解放を行う。
第4層	トランスポート層	相手まで確実に効率良くデータを届けるためのデータ圧縮や誤り訂正、再送制御などを行う。
第3層	ネットワーク層	相手までデータを届けるための通信経路の選択や、通信経路のないアドレスを管理する。
第2層	データリンク層	通信相手との物理的な通信経路を確保し、通信路を流れるデータのエラー検出などを行う。
第1層	物理層	データを通信回線に送出するための電気的な変換や機械的な作業を受け持つ。ピンの形状やケーブルの特性なども第1層で定められる。

このように階層的に考えることで、ネットワークの構成要素を開発する際にゼロからすべて開発するのではなく必要な部分のみを開発するだけで済んだり、障害の切り分けの際にも必要な情報のみ調べれば済むなど、多くのメリットがあります。

TCP/IP モデル

OSI 参照モデルでは7階層で定義していましたが、よく使われる TCP/IP では上位層（第5～第7層）をアプリケーション層としてまとめ、5階層で、あるいは、さらに第1層・第2層をまとめて4階層で考えることが一般的です。本書では第1層のハードウェアに相当する話題は扱いませんので、4階層で考えることにします。

第 1 章 ネットワーク機器は何をしているのか

●表2　TCP/IP モデル

アプリケーション層	HTTP,SMTP,POP3,TELNET,FTP,DNS,DHCP など
トランスポート層	TCP,UDP,ICMP など
インターネット層	IP,IPv6,ARP,RARP など
ネットワークインターフェース層	Ethernet,PPP など

　なお、ARP、RARP はネットワークインターフェース層で、ICMP はインターネット層としているモデルもありますが、本書では次に説明するパケットの階層と同じ扱いで考えることにします。

　OSI7 階層モデルに比べると、ソフトウェア技術者にとってだいぶ馴染みやすい定義ではないでしょうか。

パケット

　パケットとはデータを送る際のデータ転送単位のことです。例えば、HTTP を扱うプログラムで HTTP 形式のデータを生成し、ソケット間数群を利用して TCP/IP でデータを送信すると、ソケット関数によって TCP のパケットとして組み立てられ、それを IP のパケットに格納し、さらに Ethernet パケットとなってネットワークインターフェースから送出されます。受信する側では逆の順で、到着した Ethernet パケットから IP パケットを取り出し、TCP パケットを取り出して必要な HTTP 形式のデータを取り出す、という流れになります。

　データリンク層（ネットワークインターフェース層）では、パケットではなく「フレーム」と呼ぶことも多いのですが、本書では全てパケットで統一しています。

1-2 ネットワークの基礎知識

▶表3 パケットの例

層	目的	動作
アプリケーション層	処理に必要なデータを格納	HTTP形式のデータをプログラムで構築（ライブラリなどを使う場合もある）
トランスポート層	ポート番号、信頼性	TCPパケットに格納
インターネット層	IPアドレス	IPパケットに格納
ネットワークインターフェース層	MACアドレス	Ethernetパケットに格納

Ethernet パケット

Ethernetパケットには、「DIX」「IEEE802.3」「IEEE802.3+802.2(LLC)」「IEEE802.3+802.2(LLC+SNAP)」の4つの規格があります。実質的にLAN上のEthernetの約9割はDIXであると言われていますので、本書ではDIXを扱います。

■ Ethernet パケットの構造

▶表4 Ethernetパケット：実際

プリアンブル	SFD	送信先MACアドレス	送信元MACアドレス	タイプ／長さ	データ	FSC
7バイト	1バイト	6バイト	6バイト	2バイト	46～1500バイト	4バイト

この中で、プリアンブル、SFD、FCSはネットワークカードが自動的に処理する情報なので、本書では扱いません。

▶表5 Ethernetパケット

0	1
送信先MACアドレス 6バイト	
送信元MACアドレス 6バイト	
タイプ	
データ 46～1500バイト	

■**送信先 MAC アドレス、送信元 MAC アドレス**

MAC アドレス（Media Access Control Address）は Ethernet アドレスとも呼ばれ、ネットワークセグメントに流れたパケットがどのノードからどのノードに送られるかを示す値です。MAC アドレスは世界中で重複しないように決められています。上位 3 バイトがベンダーコードまたは OUI（Organizationally Unique Identifier）と呼ばれ、ネットワーク機器メーカーごとに割り当てられ、下位 3 バイトによってメーカー内で重複しないように発番されます。

なお、6 バイトすべてを 0xFF にしたものを「ブロードキャストアドレス」と呼び、同時通報で送信先として使います。

■**タイプ／長さ**

DIX ではプロトコルの種類を表していますが、IEEE802.3 では長さを表す場合もあります。値が 0x0600 以上であれば、データのプロトコルの種類を表し、0x05DC（10 進数で 1500）以下の場合はデータ長を表します。なお、データの長さは 46 〜 1500 バイトとなっているため、46 バイト以下の場合はパディングデータで 46 バイトになるまで埋められます。

本書ではタイプとしてのみ扱います。

Linux では、/usr/include/net/ethernet.h で次のような値が定義されています。

```
#define ETHERTYPE_PUP       0x0200      /* Xerox PUP */
#define ETHERTYPE_IP        0x0800      /* IP */
#define ETHERTYPE_ARP       0x0806      /* Address resolution */
#define ETHERTYPE_REVARP    0x8035      /* Reverse ARP */
```

ETHERTYPE_IPV6 が定義されていないのですが、BSD 系では、

```
#define ETHERTYPE_IPV6      0x86dd /* IPv6 */
```

と定義されています。BSD 系ではほかに、

```
#define ETHERTYPE_VLAN         0x8100  /* IEEE 802.1Q VLAN tagging */
#define ETHERTYPE_LOOPBACK     0x9000  /* used to test interfaces */
```

といった具合に、タグ VLAN やループバックも定義されています。

■データ

タイプで指定されたプロトコルのデータが格納されます。IP パケットや ARP パケットなどが格納されます。

■構造体

Linux では、/usr/include/net/ethernet.h に次のように定義されています。

```
struct ether_header
{
  u_int8_t  ether_dhost[ETH_ALEN]; /* destination eth addr */
  u_int8_t  ether_shost[ETH_ALEN]; /* source ether addr    */
  u_int16_t ether_type;            /* packet type ID field */
} __attribute__ ((__packed__));
```

ARP パケット

IP パケットの説明の前に、ARP パケットを紹介しておきましょう。IP では IP アドレスを送信先・送信元として使いますが、IP アドレスから MAC アドレスを調べる仕組みが ARP（Address Resolution Protocol）です。送信元は送信先の MAC アドレスを得るために、ブロードキャスト（同時通報）で ARP リクエストを送信します。送信先のみ送信元にレスポンスを返し、それによって MAC アドレスを得ます。毎回調べていると LAN 上のトラフィックが増えるので、ホストは MAC アドレスをキャッシュします。このキャッシュを ARP テーブルと呼びます。

ブロードキャストは同一セグメント内にしか届きませんので、ARP で解決できるのは同一セグメント内のみです。他のセグメントと通信する際にはルーターに依頼します。

■ ARP パケットの構造

ARP パケットは Ethernet では Ethernet パケットにカプセル化されます。Ethernet のタイプは ETHERTYPE_ARP(0x0806) となります。

○表6 ARP パケット

0	1
ハードタイプ	
プロトコルタイプ	
ハードサイズ	プロトコルサイズ
オペレーション	
送信元ハードウェアアドレス 6 バイト	
送信元プロトコルアドレス 4 バイト	
送信先ハードウェアアドレス 6 バイト	
送信先プロトコルアドレス 4 バイト	

・ハードウェアタイプ

ARP は複数のデータリンク層のプロトコルに対応しており、Ethernet の場合には、1 が指定されます。

Linux では /usr/include/net/if_arp.h に次のように定義されています。

```
#define ARPHRD_ETHER    1            /* Ethernet 10/100Mbps. */
```

■プロトコルタイプ

どのタイプのアドレスから MAC アドレスを調べるのかを指定します。IP アドレスから調べる場合には、ETHERTYPE_IP を指定します。

■ハードサイズ：ハードウェアアドレス長

調査を行うハードウェアのアドレス長をバイト単位で指定します。

MACアドレスは6バイトなので6を指定します。

■**プロトコルサイズ：プロトコルアドレス長**

プロトコルタイプで指定したアドレスの長さをバイト単位で指定します。IPアドレスは4バイトなので4を指定します。

■**オペレーションコード**

パケットの役割を指定します。リクエスト（ARPOP_REQUEST）、レスポンス（ARPOP_REPLY）などを指定します。Linuxでは/usr/include/net/if_arp.hに次のように定義されています。

```
#define ARPOP_REQUEST    1     /* ARP request. */
#define ARPOP_REPLY      2     /* ARP reply. */
#define ARPOP_RREQUEST   3     /* RARP request. */
#define ARPOP_RREPLY     4     /* RARP reply. */
#define ARPOP_InREQUEST  8     /* InARP request. */
#define ARPOP_InREPLY    9     /* InARP reply. */
#define ARPOP_NAK        10    /* (ATM)ARP NAK. */
```

■**送信元ハードウェアアドレス**

このパケットの送信元のMACアドレスを指定します。

■**送信元プロトコルアドレス**

このパケットの送信元のIPアドレスを指定します。

■**送信先ハードウェアアドレス**

リクエストの場合はゼロを指定し、レスポンスでは送信先のMACアドレスを指定します。

■**送信先プロトコルアドレス**

パケットの送信先IPアドレスを指定します。

■構造体

ARP 用の構造体は、Linux では、/usr/include/net/if_arp.h に次のように定義されています。

```
struct arphdr
  {
    unsigned short int ar_hrd;       /* Format of hardware address. */
    unsigned short int ar_pro;       /* Format of protocol address. */
    unsigned char ar_hln;            /* Length of hardware address. */
    unsigned char ar_pln;            /* Length of protocol address. */
    unsigned short int ar_op;        /* ARP opcode (command). */
#if 0
    /* Ethernet looks like this : This bit is variable sized
       however... */
    unsigned char __ar_sha[ETH_ALEN]; /* Sender hardware address. */
    unsigned char __ar_sip[4];        /* Sender IP address. */
    unsigned char __ar_tha[ETH_ALEN]; /* Target hardware address. */
    unsigned char __ar_tip[4];        /* Target IP address. */
#endif
  };
```

ここでは IP とは限定していないので、アドレス部分が定義されていません。IP で実際に使う際には、/usr/include/netinet/if_ether.h の次の定義を使用します。

```
struct ether_arp {
    struct arphdr ea_hdr;            /* fixed-size header */
    u_int8_t arp_sha[ETH_ALEN];      /* sender hardware address */
    u_int8_t arp_spa[4];             /* sender protocol address */
    u_int8_t arp_tha[ETH_ALEN];      /* target hardware address */
    u_int8_t arp_tpa[4];             /* target protocol address */
};
#define arp_hrd ea_hdr.ar_hrd
#define arp_pro ea_hdr.ar_pro
#define arp_hln ea_hdr.ar_hln
#define arp_pln ea_hdr.ar_pln
#define arp_op  ea_hdr.ar_op
```

・リクエストとレスポンス

少々わかりにくいので、具体的にリクエストとレスポンスのどこにどの情報が入るのかを見てみましょう。

● 表7 ARP リクエストパケット

0	1
ARPHRD_ETHER(1)	
ETHERTYPE_IP(0x0800)	
6	4
ARPOP_REQUEST(1)	
自分の MAC アドレス	
自分の IP アドレス	
全てゼロ	
相手の IP アドレス	

● 表8 ARP レスポンスパケット

0	1
ARPHRD_ETHER(1)	
ETHERTYPE_IP(0x0800)	
6	4
ARPOP_REPLY(2)	
相手の MAC アドレス 回答	
相手の IP アドレス	
自分の MAC アドレス	
自分の IP アドレス	

ARP レスポンスパケットの相手の MAC アドレスが得たいデータです。

IP パケット

いよいよ、インターネットの中核である、IP（Internet Protocol）を見てみましょう。IP には現在、IPv4 と IPv6 が存在しています。IPv4 のアドレスは 4 バイトで、それでは増え続ける全世界のネットワーク機器に対応できません。グローバル IP アドレスの枯渇問題に対応するために IPv6 が登場しました。本書では LAN 内でまだまだ使われるであろう、IPv4 の話題を中心に紹介しますので、単に IP と呼ぶ場合は IPv4 を指すと認識してください。

IP の目的は、データを IP アドレスによって届けることです。MAC アドレスでなく、IP アドレスを使う理由は、セグメントに分けた階層的なネットワークを構成できるからです。もし MAC アドレスの概念しかない

まま、全世界をネットワーク接続したとすると、MACアドレスは全世界で一意となっていますが、「世界中のどこかのMACアドレスをどうやって直接探すか」という問題にぶつかります。全世界に届くブロードキャストを投げて応答を待つというのも現実的ではありません。また、どういう経路で相手に届くのかもわからないので、とりあえずつながっている全てのネットワーク機器に投げて、中継して、というのを繰り返すしかなく、とても実用にはならないでしょう。

電話番号は、国、県、市などのように、階層化されており、管理も容易ですし、経路も簡単に探せます。これと同じ仕組みがIPアドレスです。MACアドレスは機器ごとの固有番号ですので、エリア分けには使えず、別のアドレス体系を使うということになります。IPアドレスでは4バイトのアドレスを、ネットワークアドレスとホストアドレスに区切り、セグメントという階層構造を実現しています。ブロードキャストが届く範囲、あるいは直接MACアドレスで通信できる範囲をセグメントと呼び、セグメント間はルーターで中継することができます。この仕組みによって世界中のネットワークが連携できているのです。

IPではさらに、チェックサムによるデータの信頼性や、ルーターによる中継回数のカウントなど、いくつかの機能を実現しています。

○表9　IPパケット

0		1	2	3
バージョン	データ長	サービスタイプ	全データ長	
識別			フラグ	フラグメントオフセット
生存時間		プロトコル	ヘッダチェックサム	
送信元IPアドレス				
送信先IPアドレス				
オプション（不定長）			パディング	
データ				

■**バージョン**

IPのバージョンを指定します。IPv4なので4が入ります。

■ **データ長**

IPヘッダの長さを4バイト単位で指定します。オプションを持たない場合は20バイトなので、20 ÷ 4=5で、5を指定します。

■ **サービスタイプ**

IPが要求するサービス品質を指定します。優先順位を指定する感じで、ルーターが中継する際に使用されます。

- 0-2ビット：優先権
- 3ビット目：低遅延要求
- 4ビット目：高スループット要求
- 5ビット目：高信頼性要求
- 6ビット目：コスト最小
- 7ビット目：未使用

Linuxでは、/usr/include/netinet/ip.hで次のように定義されています。

```
#define IPTOS_TOS_MASK        0x1E
#define IPTOS_TOS(tos)        ((tos) & IPTOS_TOS_MASK)
#define IPTOS_LOWDELAY        0x10
#define IPTOS_THROUGHPUT      0x08
#define IPTOS_RELIABILITY     0x04
#define IPTOS_LOWCOST         0x02
#define IPTOS_MINCOST         IPTOS_LOWCOST
```

■ **全データ長**

IPヘッダも含めた、IPパケット全体の長さをバイト単位で指定します。

■ **識別**

データを分割（フラグメント）した際に、分割したデータを識別するための値を指定します。フラグメンテーションされた場合には、分割したパケットすべてに同じ値が使用されます。フラグメンテーションが発生しな

い場合は、パケットが送信される度に1つずつインクリメントした値が使われます。

■フラグ

フラグメンテーションの指示を指定します。

- 1 ビット目：未使用（常にゼロ）
- 2 ビット目：分割許可 =0 / 分割不可 =1
- 3 ビット目：分割した際の最後のパケット =0 / それ以外 =1

Linux では /usr/include/netinet/ip.h で次のように定義されています。

```
#define IP_RF 0x8000                /* reserved fragment flag */
#define IP_DF 0x4000                /* dont fragment flag */
#define IP_MF 0x2000                /* more fragments flag */
```

■フラグメントオフセット

フラグメンテーションが発生した際に、分割前の先頭から何バイト目で切り取られたデータに相当するかを、8 バイト単位で指定します。

Linux では /usr/include/netinet/ip.h にこの値を扱うためのマスクが次のように定義されています。

```
#define IP_OFFMASK 0x1fff           /* mask for fragmenting bits */
```

■生存時間

TTL（Time To Live）とも呼ばれ、パケットが何回まで中継されるかを指定します。通過できるルーターの数に相当します。ルーターが中継するたびに1ずつデクリメントされ、ゼロになった時点でパケットは破棄されます。

Linux では /usr/include/netinet/ip.h に次のような定数が定義されています。

```
#define MAXTTL          255         /* maximum time to live (seconds) */
#define IPDEFTTL        64          /* default ttl, from RFC 1340 */
```

■ プロトコル

格納しているデータのプロトコルを指定します。

Linux では /usr/include/netinet/ip.h に次のように定義されています。

```
enum
  {
    IPPROTO_IP = 0,       /* Dummy protocol for TCP. */
#define IPPROTO_IP        IPPROTO_IP
    IPPROTO_HOPOPTS = 0,  /* IPv6 Hop-by-Hop options. */
#define IPPROTO_HOPOPTS   IPPROTO_HOPOPTS
    IPPROTO_ICMP = 1,     /* Internet Control Message Protocol. */
#define IPPROTO_ICMP      IPPROTO_ICMP
    IPPROTO_IGMP = 2,     /* Internet Group Management Protocol. */
#define IPPROTO_IGMP      IPPROTO_IGMP
    IPPROTO_IPIP = 4,     /* IPIP tunnels (older KA9Q tunnels use 94). */
#define IPPROTO_IPIP      IPPROTO_IPIP
    IPPROTO_TCP = 6,      /* Transmission Control Protocol. */
#define IPPROTO_TCP       IPPROTO_TCP
    IPPROTO_EGP = 8,      /* Exterior Gateway Protocol. */
#define IPPROTO_EGP       IPPROTO_EGP
    IPPROTO_PUP = 12,     /* PUP protocol. */
#define IPPROTO_PUP       IPPROTO_PUP
    IPPROTO_UDP = 17,     /* User Datagram Protocol. */
#define IPPROTO_UDP       IPPROTO_UDP
    IPPROTO_IDP = 22,     /* XNS IDP protocol. */
#define IPPROTO_IDP       IPPROTO_IDP
    IPPROTO_TP = 29,      /* SO Transport Protocol Class 4. */
#define IPPROTO_TP        IPPROTO_TP
    IPPROTO_IPV6 = 41,    /* IPv6 header. */
#define IPPROTO_IPV6      IPPROTO_IPV6
    IPPROTO_ROUTING = 43, /* IPv6 routing header. */
#define IPPROTO_ROUTING   IPPROTO_ROUTING
    IPPROTO_FRAGMENT = 44,/* IPv6 fragmentation header. */
#define IPPROTO_FRAGMENT  IPPROTO_FRAGMENT
    IPPROTO_RSVP = 46,    /* Reservation Protocol. */
#define IPPROTO_RSVP      IPPROTO_RSVP
    IPPROTO_GRE = 47,     /* General Routing Encapsulation. */
```

```
#define IPPROTO_GRE      IPPROTO_GRE
    IPPROTO_ESP = 50,    /* encapsulating security payload. */
#define IPPROTO_ESP      IPPROTO_ESP
    IPPROTO_AH = 51,     /* authentication header. */
#define IPPROTO_AH       IPPROTO_AH
    IPPROTO_ICMPV6 = 58, /* ICMPv6. */
#define IPPROTO_ICMPV6   IPPROTO_ICMPV6
    IPPROTO_NONE = 59,   /* IPv6 no next header. */
#define IPPROTO_NONE     IPPROTO_NONE
    IPPROTO_DSTOPTS = 60, /* IPv6 destination options. */
#define IPPROTO_DSTOPTS  IPPROTO_DSTOPTS
    IPPROTO_MTP = 92,    /* Multicast Transport Protocol. */
#define IPPROTO_MTP      IPPROTO_MTP
    IPPROTO_ENCAP = 98,  /* Encapsulation Header. */
#define IPPROTO_ENCAP    IPPROTO_ENCAP
    IPPROTO_PIM = 103,   /* Protocol Independent Multicast. */
#define IPPROTO_PIM      IPPROTO_PIM
    IPPROTO_COMP = 108,  /* Compression Header Protocol. */
#define IPPROTO_COMP     IPPROTO_COMP
    IPPROTO_SCTP = 132,  /* Stream Control Transmission Protocol. */
#define IPPROTO_SCTP     IPPROTO_SCTP
    IPPROTO_RAW = 255,   /* Raw IP packets. */
#define IPPROTO_RAW      IPPROTO_RAW
    IPPROTO_MAX
};
```

■**ヘッダチェックサム**

IPヘッダが壊れていないことを確認するためのチェックサムの値です。

■**送信元IPアドレス**

パケットを送信したノードのIPアドレスです。

■**送信先IPアドレス**

パケットの送信先ノードのIPアドレスです。

■**構造体**

Linux では、/usr/include/netinet/ip.h に次のように定義されています。

```
struct iphdr
  {
#if __BYTE_ORDER == __LITTLE_ENDIAN
    unsigned int ihl:4;
    unsigned int version:4;
#elif __BYTE_ORDER == __BIG_ENDIAN
    unsigned int version:4;
    unsigned int ihl:4;
#else
# error "Please fix <bits/endian.h>"
#endif
    u_int8_t tos;
    u_int16_t tot_len;
    u_int16_t id;
    u_int16_t frag_off;
    u_int8_t ttl;
    u_int8_t protocol;
    u_int16_t check;
    u_int32_t saddr;
    u_int32_t daddr;
    /*The options start here. */
  };
```

ICMP パケット

ICMP (Internet Control Message Protocol) は IP ネットワークの通信状態の診断やエラー通知のためのプロトコルです。IP 上で使えますので、TCP や UDP と同様に、IP パケットにカプセル化されて伝送されます。

よくネットワークの疎通確認用コマンドの ping を実装するのに使われますが、本書ではルーターを作成する際に、送信先に到達できないエラーと、TTL 超過のエラーを通知する際に使用します。

● 表10 ICMPパケット

0	1
タイプ	コード
チェックサム	
オプション	
データ	

■タイプ

ICMPは疎通確認やエラー通知などで使われますので、どのメッセージかをタイプで指定します。

Linuxでは/usr/include/netinet/ip_icmp.hに次のように定義されています。

```
#define ICMP_ECHOREPLY        0    /* Echo Reply             */
#define ICMP_DEST_UNREACH     3    /* Destination Unreachable */
#define ICMP_SOURCE_QUENCH    4    /* Source Quench          */
#define ICMP_REDIRECT         5    /* Redirect (change route) */
#define ICMP_ECHO             8    /* Echo Request           */
#define ICMP_TIME_EXCEEDED    11   /* Time Exceeded          */
#define ICMP_PARAMETERPROB    12   /* Parameter Problem      */
#define ICMP_TIMESTAMP        13   /* Timestamp Request      */
#define ICMP_TIMESTAMPREPLY   14   /* Timestamp Reply        */
#define ICMP_INFO_REQUEST     15   /* Information Request    */
#define ICMP_INFO_REPLY       16   /* Information Reply      */
#define ICMP_ADDRESS          17   /* Address Mask Request   */
#define ICMP_ADDRESSREPLY     18   /* Address Mask Reply     */
#define NR_ICMP_TYPES         18
```

本書では、ICMP_TIME_EXCEEDEDを扱います。

■コード

ICMP_TIME_EXCEEDEDの場合は、次の2つのいずれかが指定されます。

- 0：いずれかのゲートウェイで転送を行おうとした時点でTTLがゼロになった
- 1：パケットがフラグメントされており、その再構成中にTTLがゼロに達した

Linuxでは /usr/include/netinet/ip_icmp.h に次のように定義されています。

```
#define ICMP_EXC_TTL        0    /* TTL count exceeded           */
#define ICMP_EXC_FRAGTIME   1    /* Fragment Reass time exceeded */
```

■チェックサム

ICMPパケットのチェックサムを指定します。

■オプション

ICMP_TIME_EXCEEDEDでは未使用です。

■データ

ICMP_TIME_EXCEEDEDでは、エラー発生IPパケットの先頭8バイトが格納されます。

■構造体

Linuxでは、/usr/include/netinet/ip_icmp.h に次のように定義されています。unionの部分は本書では使わないので省略して記載しました。

```
struct icmp
{
  u_int8_t  icmp_type;  /* type of message, see below */
  u_int8_t  icmp_code;  /* type sub code */
  u_int16_t icmp_cksum; /* ones complement checksum of struct */
  union
  {
    .
```

```
    .
  } icmp_dun;
};
```

　ネットワーク機器がどのようなことをしているのか、ブリッジやルーターがどのような役割なのかという概要の紹介と、これからブリッジやルーターを作る際に必要になるネットワークの基礎知識を紹介しました。パケットの構造は覚えられるものではないと思いますので、都度必要に応じて参照しながら理解していくと良いでしょう。

> Column

ネットワークプログラミングの魅力

　私は大学2年の頃からプログラミングをアルバイトで始めました。当初はUNIXとMS-DOSでC言語を使って、CADシステムの開発をしていました。社会人になってからも、CADシステムの開発・販売を担当し、社会人5年目くらいまではCADシステム関連のプログラミングばかりでした。その後、受託開発を始め、様々なシステムに関わってきましたが、途中からはひたすらネットワーク関連ばかりに手を出していました。

　ネットワークプログラミングで一番最初に作ったのは、じつはCADシステムのプロセス連携でした。CADシステムを、モジュールの組み合わせで作ろうと考え、連携にTCP/IPを使ったのです。ちょうどたまたま本屋でTCP/IPの本を見かけて買って、使ってみようと思ったのがきっかけでした。当時はまだTCP/IPが主流という時代ではなく、他にもいくつかの標準化を視野に入れたプロトコルがあり、その本にも2種類のプロトコルが紹介されていました。しかし、読み比べて、TCP/IPの方がはるかに理解しやすいと感じて、使ってみたのでした。その後、インターネットの普及と共にTCP/IPが一般的に使われるようになり、「やはり理解しやすいものが普及するものだな」と感じたものでした。

　その後、受託開発でクライアント／サーバシステムの一部を担当しました。私の担当はクライアント側だったのですが、試験用にサーバ側のサンプルをもらい、そのソースを見て、TCP/IPのサーバのfork()、exec()を使ったマルチプロセスの仕組みに感動しました。そのあたりからどんどんネットワークプログラミングに傾倒していった感じです。

　Webシステムが出始めた頃、「負荷テストを人手ではなく、システムでできないか」と知り合いの方から相談を受け、Web負荷テストツールを自作し、高性能なネットワークプログラムを考えることの楽しさも知りました。この頃からは、お客さんに会うと、とにかく「ネットワークが好きなんです!」とアピールしまくるようになりました。すると、ネットワークの相談や仕事がどんどん集まるようになり、ますますノウハウもたまり、ますますお客さんから頼りにされる、という良い循環が生まれ、今に至るまでネットワークプログラミングを楽しみ続けています。

　受託開発では、作業規模で工数が決まることが多いです。ネットワークシステムは難しく、責任が重い割に、ボリュームは少ないので、あまり儲からず、画面・帳票などの分野の方が稼ぎやすい、という時代もありました(今でもそうかもしれません)。そういう背景もあり、じつは「プログラムでネッ

トワークはあまり好きでない」という人が多いものです。その分「ネットワークプログラミングが得意」という人は希少価値もあり、ますますやっていて楽しいのです。

　もちろん、ネットワーク自体の魅力もたまりません。今やコンピュータとネットワークは切って考えることはできません。多くの機器が連携して、世界中と通信ができるということ自体も魅力的ですし、そういう連携に、自分が作ったプログラムが関与できることもたまらない魅力です。

　本書で紹介しているブリッジやルーターはインターネットの要です。作って動かして、楽しさを実感してみてください！

第2章 リンクレイヤープログラミングの基本

2-1 データリンク層を扱うサンプルプログラム

プログラムからデータリンク層を扱うには

　ブリッジやルーターを自作するためには、OSI参照モデルのデータリンク層でパケットを扱う（つまり、Ethernetパケットを扱う）必要があります。一般的なソケットプログラミングでは、トランスポート層のTCPやUDPの送受信となってしまい、ネットワーク層（IPパケット）やデータリンク層の情報は扱えません。

　データリンク層をプログラムから扱う方法は残念ながら標準化されていません。Linux・BSD・SolarisなどのUNIX系OSでもみな違います。本書ではLinuxをターゲットにしていますので、Linuxでデータリンク層を扱うプログラミングを紹介します。

　LinuxではTCPやUDPと同様に、socket()によってデータリンク層も扱えますので、BSDのBPF（Berkeley Packet Filter）やSolarisのDLPI（Data Link Provider Interface）に比べ、比較的簡単にプログラミングができます。簡単なソースを紹介しましょう。

● ソケットディスクリプタ生成方法とレイヤー

- TCP：socket(PF_INET,SOCK_STREAM,0)
- UDP：socket(PF_INET,SOCK_DGRAM,0)
- IP：socket(PF_INET,SOCK_RAW, プロトコル)
- Ethernet：socket(PF_PACKET,SOCK_RAW,htons(ETH_P_IPまたはETH_P_ALL))

処理の流れ

処理の流れは非常にシンプルです。データリンク層を扱うためのディスクリプタを準備し、受信できたパケットのEthernetヘッダを表示する処理を繰り返します（図2-1）。

● 図2-1　データリンク層を扱う処理の流れ

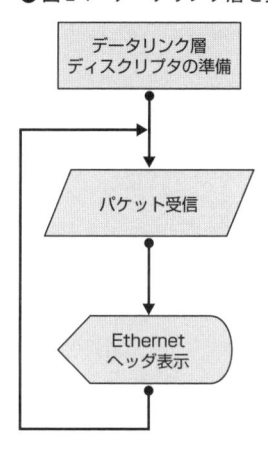

関数の構成

C言語では関数を呼び出す前に関数の記述があればプロトタイプ宣言を兼ねてくれます。そのため私は、メイン関数を記述し、その上にサブ関数を記述し……と、ソースファイルの末尾にメイン関数があるスタイルでプログラミングを行います。

説明の流れとしては逆になってしまいますので、はじめに関数の構成をまとめておきます。

```
main() <ltest.c>：メイン関数
    InitRawSocket() <ltest.c>：RAWソケット準備
    PrintEtherHeader() <ltest.c>：Etherヘッダ表示
        my_ether_ntoa_r() <ltest.c>：MACアドレスの文字列化
```

第2章 リンクレイヤープログラミングの基本

サンプルソース

● ltest.c

```
#include    <stdio.h>
#include    <string.h>
#include    <unistd.h>
#include    <sys/ioctl.h>
#include    <arpa/inet.h>
#include    <sys/socket.h>
#include    <linux/if.h>
#include    <net/ethernet.h>
#include    <netpacket/packet.h>
#include    <netinet/if_ether.h>
```

linux/if.h以下のインクルードファイルがネットワークインターフェースやデータリンク層を扱うために必要です。

● ltest.c つづき

```
int InitRawSocket(char *device,int promiscFlag,int ipOnly)
```

データリンク層を扱うために必要な処理をInitRawSocket()という関数で作成します。引数は3つあります。

- device：ネットワークインターフェース名
- promiscFlag：プロミスキャスモードにするかどうかのフラグ
- ipOnly：IPパケットのみを対象とするかどうかのフラグ

ネットワークインターフェース名は、「eth0」などのデバイス名を指定します。プロミスキャスモードとは、自分宛以外のパケットも受信するモードです。通常はOFFになっていますが、パケットキャプチャのように、ネットワークインターフェースに届いたパケットは全て得たい場合にONにします。IPパケットのみを対象にするかどうかのフラグを1にすると、IPパケットのみが得られるようになります。

2-1 データリンク層を扱うサンプルプログラム

● ltest.c つづき

```
{
struct ifreq     ifreq;
struct sockaddr_ll    sa;
int     soc;

    if(ipOnly){
        if((soc=socket(PF_PACKET,SOCK_RAW,htons(ETH_P_IP)))<0){
            perror("socket");
            return(-1);
        }
    }
    else{
        if((soc=socket(PF_PACKET,SOCK_RAW,htons(ETH_P_ALL)))<0){
            perror("socket");
            return(-1);
        }
    }
```

socket() を使用して、データリンク層を扱うディスクリプタを得ます。

第1引数はプロトコルファミリーの指定で、TCP や UDP では PF_INET や PF_INET6 を指定しますが、データリンク層を扱う場合は、PF_PACKET を指定します。

第2引数は通信方式で、TCP では SOCK_STREAM、UDP では SOCK_DGRAM を指定しますが、データリンク層では SOCK_RAW を指定します。

第3引数はプロトコルの指定で、TCP や UDP ではゼロを指定しますが、データリンク層では、ETH_P_ALL で全パケット、ETH_P_IP で IP パケットのみ、という指定になります。

● ltest.c つづき

```
    memset(&ifreq,0,sizeof(struct ifreq));
    strncpy(ifreq.ifr_name,device,sizeof(ifreq.ifr_name)-1);
    if(ioctl(soc,SIOCGIFINDEX,&ifreq)<0){
        perror("ioctl");
        close(soc);
```

```
        return(-1);
    }
```

ioctl() を使用して、ネットワークインターフェース名に対応したインターフェースのインデックスを得ます。ioctl() の第 2 引数に SIOCGIFINDEX を指定し、struct ifreq に情報を得ます。loctl() の第 2 引数に指定する名称は、GET と SET があり、SIOCG*** という名前で定義されているものが取得用、SIOCS*** が設定用です。

▶ ltest.c つづき

```c
    sa.sll_family=PF_PACKET;
    if(ipOnly){
        sa.sll_protocol=htons(ETH_P_IP);
    }
    else{
        sa.sll_protocol=htons(ETH_P_ALL);
    }
    sa.sll_ifindex=ifreq.ifr_ifindex;
    if(bind(soc,(struct sockaddr *)&sa,sizeof(sa))<0){
        perror("bind");
        close(soc);
        return(-1);
    }
```

ioctl() で取得したインターフェースのインデックスと、プロトコルファミリ、プロトコルを struct sockaddr_ll にセットし、bind() でディスクリプタ：soc に情報をセットします。この時点で soc が指定したインターフェースに関連づけられます。TCP や UDP では bind() で IP アドレスやポート番号を結びつけますが、リンクレイヤーではインターフェースを確定するイメージです。

▶ ltest.c つづき

```c
    if(promiscFlag){
        if(ioctl(soc,SIOCGIFFLAGS,&ifreq)<0){
            perror("ioctl");
```

```
            close(soc);
            return(-1);
        }
        ifreq.ifr_flags=ifreq.ifr_flags|IFF_PROMISC;
        if(ioctl(soc,SIOCSIFFLAGS,&ifreq)<0){
            perror("ioctl");
            close(soc);
            return(-1);
        }
    }

    return(soc);
}
```

プロミスキャスモードを有効にする場合には、ioctl() で SIOCGIFFLAGS を指定してデバイスのフラグを取得し、struct ifreq の ifr_flags の IFF_PROMISC ビットを ON にします。SIOCSIFFLAGS を指定した ioctl() で書き込みます。

ディスクリプタ soc をリターンして、この関数は終わります。

▶ ltest.c つづき

```
char *my_ether_ntoa_r(u_char *hwaddr,char *buf,socklen_t size)
{
    snprintf(buf,size,"%02x:%02x:%02x:%02x:%02x:%02x",
        hwaddr[0],hwaddr[1],hwaddr[2],hwaddr[3],hwaddr[4],hwaddr[5]);

    return(buf);
}
```

MAC アドレスを文字列形式に変換するための関数です。デバッグ用などに使います。

▶ ltest.c つづき

```
<list>int PrintEtherHeader(struct ether_header *eh,FILE *fp)
{
char    buf[80];
```

```
    fprintf(fp,"ether_header------------------------------ｲn");
    fprintf(fp,"ether_dhost=%sｲn",my_ether_ntoa_r(eh->ether_dhost,buf,
sizeof(buf)));
    fprintf(fp,"ether_shost=%sｲn",my_ether_ntoa_r(eh->ether_shost,buf,
sizeof(buf)));
    fprintf(fp,"ether_type=%02X",ntohs(eh->ether_type));
    switch(ntohs(eh->ether_type)){
        case    ETH_P_IP:
            fprintf(fp,"(IP)ｲn");
            break;
        case    ETH_P_IPV6:
            fprintf(fp,"(IPv6)ｲn");
            break;
        case    ETH_P_ARP:
            fprintf(fp,"(ARP)ｲn");
            break;
        default:
            fprintf(fp,"(unknown)ｲn");
            break;
    }

    return(0);
}
```

　EthernetパケットのEthernetヘッダをデバッグ表示するための関数です。第1引数にEthernetパケットのアドレスを指定し、第2引数に出力先ファイルポインタを指定します。

　Ethernetヘッダのタイプはほかにもたくさんあるのですが、本書の内容に関係のありそうなIP、IPv6、ARP、それ以外、という表示に簡略化しました。

● ltest.c つづき

```
int main(int argc,char *argv[],char *envp[])
{
int     soc,size;
u_char  buf[2048];
```

2-1 データリンク層を扱うサンプルプログラム

```
    if(argc<=1){
        fprintf(stderr,"ltest device-name´n");
        return(1);
    }
```

main() です。起動時の引数にネットワークインターフェース名を指定するようにしました。

● ltest.c つづき

```
    if((soc=InitRawSocket(argv[1],0,0))==-1){
        fprintf(stderr,"InitRawSocket:error:%s´n",argv[1]);
        return(-1);
    }
```

InitRawSocket() を使用してデータリンク層を扱うディスクリプタを得ます。ここでは第2、第3引数でプロミスキャスモードはOFF、全パケットを対象にしていますが、値を変えて動かしてみてください。

● ltest.c つづき

```
    while(1){
        if((size=read(soc,buf,sizeof(buf)))<=0){
            perror("read");
        }
        else{
            if(size>=sizeof(struct ether_header)){
                PrintEtherHeader((struct ether_header *)buf,stdout);
            }
            else{
                fprintf(stderr,"read size(%d) < %d´n",size,sizeof
(struct ether_header));
            }
        }
    }

    close(soc);

    return(0);
}
```

第 2 章　リンクレイヤープログラミングの基本

　無限ループで、read() でデータを受信し、Ethernet ヘッダのサイズ以上受信できた場合に PrintEtherHeader() でデバッグ表示する処理を繰り返します。データリンク層のディスクリプタからの受信は recv() ではなく、read() を使います。recv() でも動きますが、第 4 引数のフラグの役目がないので、read() で十分です。

　無限ループを抜ける方法は簡略化のため作っていません。Ctrl+C などで無理矢理プログラムを止めます。close() は実際には決して実行されませんが、ディスクリプタを使い終えたら close() するのは TCP や UDP と同じです。このサンプルでは強制的にプログラムを終了させた時点で勝手にディスクリプタが解放されます。

　TCP や UDP のソケットプログラミングに慣れている人にとっては、ほとんど同じ流れで記述できると感じることでしょう。Linux の PF_PACKET が使いやすいのはこの点です。BSD の BPF や Solaris の DLPI はかなり異なります。

　データリンク層のディスクリプタからの受信は recvfrom() を使うサンプルもありますが、一般的には read() で十分でしょう。recvfrom() を使う場合は、第 5 引数の struct sockaddr * に、struct sockaddr_ll * が使えます。struct sockaddr_ll は /usr/include/netpacket/packet.h で次のように定義されています。

```
struct sockaddr_ll {
    unsigned short sll_family;   /* 常に AF_PACKET */
    unsigned short sll_protocol; /* 物理層のプロトコル */
    int            sll_ifindex;  /* インターフェース番号 */
    unsigned short sll_hatype;   /* ヘッダ種別 */
    unsigned char  sll_pkttype;  /* パケット種別 */
    unsigned char  sll_halen;    /* アドレスの長さ */
    unsigned char  sll_addr[8];  /* 物理層のアドレス */
};
```

2-1 データリンク層を扱うサンプルプログラム

ソースを次のように書き換えると、

```
    while(1){
        struct sockaddr_ll from;
        socklen_t       fromlen;
        memset(&from,0,sizeof(from));

        fromlen=sizeof(from);
        if((size=recvfrom(soc,buf,sizeof(buf),0,(struct sockaddr *)
&from,&fromlen))<=0){
            perror("read");
        }
        else{
printf("sll_family=%d\n",from.sll_family);
printf("sll_protocol=%d\n",from.sll_protocol);
printf("sll_ifindex=%d\n",from.sll_ifindex);
printf("sll_hatype=%d\n",from.sll_hatype);
printf("sll_pkttype=%d\n",from.sll_pkttype);
printf("sll_halen=%d\n",from.sll_halen);
printf("sll_addr=%02x:%02x:%02x:%02x:%02x:%02x\n",from.sll_addr[0],from.
sll_addr[1],from.sll_addr[2],from.sll_addr[3],from.sll_addr[4],from.
sll_addr[5]);
            AnalyzePacket(buf,size);
        }
    }
```

実行結果は次のようになります。

第 2 章　リンクレイヤープログラミングの基本

```
sll_family=17
sll_protocol=8
sll_ifindex=5
sll_hatype=1
sll_pkttype=4
sll_halen=6
sll_addr=00:60:e0:4a:46:0e
Packet[438bytes]
ether_header----------------------------
ether_dhost=00:1e:c2:b8:90:58
ether_shost=00:60:e0:4a:46:0e
ether_type=800(IP)
ip--------------------------------------
version=4,ihl=5,tos=10,tot_len=424,id=2187
frag_off=2,0,ttl=64,protocol=6(TCP),check=e9ae
saddr=192.168.0.5,daddr=192.168.0.118
tcp-------------------------------------
source=22,dest=56243
seq=625523627
ack_seq=469597911
doff=5,urg=0,ack=1,psh=1,rst=0,syn=0,fin=0,th_win=11880
th_sum=31607,th_urp=0
```

　family は PF_PACKET、protocol は ETH_P_IP、ifindex はデバイスの番号、hatype は ARPHRD_ETHER、pkttype は PACKET_OUTGOING、addr には送信元 MAC アドレスが入っています。有用なのは pkttype くらいでしょう。

　struct sockaddr_ll は Linux でしか使えませんので、BSD 系などの他の OS とソースを共通化する場合に困ります。

　本書では、sockaddr_ll の情報は使用しませんので、read()、write() を使用します。

2-2 作成したプログラムを実行する

Makefile

コンパイルは、「cc -g -Wall ltest.c -o ltest」とコマンドラインで実行しても良いのですが、何度も修正・実行を繰り返す際に大変ですので、make コマンドを使いましょう。Makefile にコンパイルのルールを記述します。

● Makefile

```
OBJS=ltest.o
SRCS=$(OBJS:%.o=%.c)
CFLAGS=-g -Wall
LDLIBS=
TARGET=ltest
$(TARGET):$(OBJS)
    $(CC) $(CFLAGS) $(LDFLAGS) -o $(TARGET) $(OBJS) $(LDLIBS)
```

make は機能豊富で、Makefile の記述もいくらでも凝ることができるのですが、最低限このくらいを記述しておくとコンパイルが便利にできます。プログラムを構成するソースファイルが増えたときには、OBJS にスペース区切りで追加するだけで対応できます。CFLAGS の「-g」は gdb でのデバッグ用のコードを埋め込み、「-Wall」は文法チェックですべての警告を出すようにという指定です。

ビルド

Makefile が準備できれば、make コマンドを単に実行するだけです。

```
# make
cc -g -Wall   -c -o ltest.o ltest.c
cc -g -Wall   -o ltest ltest.o
```

実行すると、ltest という実行ファイルが生成されます。

実行

引数を指定せずに実行ファイルを実行すると使い方が表示され、すぐに終了します。

```
# ./ltest
ltest device-name
```

引数にネットワークインターフェース名を指定すると、受信したパケットの Ethernet ヘッダを出力し続けます。リンクレイヤーのソケットを扱うために、スーパーユーザで実行する必要があります。

```
# ./ltest eth3
ether_header---------------------------
ether_dhost=00:60:e0:4a:46:0e
ether_shost=00:a0:de:34:b9:22
ether_type=800(IP)
ether_header---------------------------
ether_dhost=ff:ff:ff:ff:ff:ff
ether_shost=00:60:e0:48:41:8d
ether_type=806(ARP)
...
```

使用できないネットワークインターフェース名を指定すると、エラーが表示されすぐに終了します。

```
# ./ltest eth4
ioctl: No such device
InitRawSocket:error:eth4
```

受信パケットの詳細は PCAP で

　リンクレイヤープログラミングの様子を見てみました。手順さえわかれば普通のソケットプログラミングとそれほど変わりません。ここでは Ethernet ヘッダのみ解析してみましたが、次章ではパケットの解析に関してもう少し練習してみましょう。

　なお、自分でパケットを解析する前に、受信したパケットをもう少し詳しく見たい場合は、tcpdump や wireshark で使われている PCAP 形式にキャプチャデータを書き出せば、それらのツールで解析ができるようになります。簡単に PCAP のファイルフォーマットを紹介しておきましょう。

　ファイルの先頭にヘッダがあります。

```
#define TCPDUMP_MAGIC 0xa1b2c3d4
#define PCAP_VERSION_MAJOR   2
#define PCAP_VERSION_MINOR   4
#define DLT_EN10MB       1       /* Ethernet (10Mb) */

struct pcap_file_header {
    uint32_t magic;
    uint16_t version_major;
    uint16_t version_minor;
    int32_t  thiszone;
    uint32_t sigfigs;
    uint32_t snaplen;
    uint32_t linktype;
};
```

Ethernet なら、以下のような感じの値をセットすれば良さそうです。

```
magic:TCPDUMP_MAGIC
version_major:PCAP_VERSION_MAJOR
version_minor:PCAP_VERSION_MINOR
```

```
thiszone:timezone
snaplen:2048とか書き込む予定の最大サイズを入れておけば良さそう
sigfigs:0
linktype:DLT_EN10MB
```

　ヘッダの後にはパケットデータが続くだけなのですが、パケット1つごとにヘッダがつきます。サイズと時刻です。

```
struct pcap_pkthdr {
    struct timeval ts; /* タイムスタンプ */
    uint32_t caplen; /* 得られたパケットの長さ */
    uint32_t len; /* 元々のパケットの長さ */
}ph;
```

　これは以下のようにセットすれば良いでしょう。

```
ts:gettimeofday()すればOK
caplen,lenはパケットのサイズを指定すれば良さそう
```

　このヘッダをつけて生のパケットデータを書けばOKです。

> Column

OSの違いとリンクレイヤープログラミング

　本書はLinuxをターゲットにしてまとめていますので、リンクレイヤープログラミングの特殊性をあまり感じないかもしれません。しかし、それはLinuxがリンクレイヤーも他のレイヤーと同じようにソケットインターフェースで扱えるおかげで、他のOSではそう簡単にはいきません。それぞれ見ていきましょう。

● BSD系

　BPF（Berkley Packet Filter）という仕組みを使います。/dev/bpf*というデバイスファイルを介してデータの読み書きを行います。それほど難しくはないのですが、read()で得られるのはそのまま1パケットのデータではなく、複数パケットが入っている可能性のあるバッファから順番にデータを取り出すところが異なります。送信はwrite()を使って同じ感じにできます。

● Solaris

　DLPI（Data Link Provider Interface）という、カーネル内のメッセージのインターフェースを使います。これはかなり難解です。デバイスファイルを使うのですが、前準備も手間がかかります。受信にはgetmsg()、送信にはputmsg()を使います。

　DLPIの情報は非常に少なく、私が扱ったときには、サンプルソースを見つけて、それを参考にしながら試行錯誤して作りました。一度作れば、汎用化してライブラリにしておき、使い回せますが、個人的にはリンクレイヤープログラミングで一番対応したくないOSです。

● Windows

　リンクレイヤーは素の状態ではお手上げです。リンクレイヤーを扱えるAPIがないのです。ネットワークデバイスドライバを作るような感じで対応することになりますが、「WinPcap」というフリーのライブラリを使ってプログラミングすることがほとんどのようです。

　UNIX系のOSでもlibpcapライブラリが存在するので、それを使う

のが一番便利、ということになりますが、Linux であれば本書のやり方でとても簡単にプログラミングできます。

「そもそも、リンクレイヤープログラミングなど、一般のプログラマーにとって扱う必要がある場面があるのか？」

という疑問もあるかもしれません。
　私の場合は、まず「自分でパケットキャプチャを作ってみたかった」というのがきっかけでした。仕事としてでは、DHCP サーバを開発する際に必要になりました。DHCP は IP アドレスを持っていない状態でやりとりをする必要があるので、MAC アドレスで直接通信します。DHCP サーバを開発する仕事の時には Solaris 版の依頼を受けたので、DLPI を試行錯誤しながら作りましたが、ついでに Linux、BSD にも対応しました。
　本書で紹介しているブリッジやルーターでも必要になりますし、必要でなくても、リンクレイヤーからの知識があるとネットワークの解析などにも役立ちます。「どうせなら作ってみれば楽しみながら身につく」ということで、ぜひブリッジやルーターを作ってみてください。DHCP サーバ・リレー・クライアントも良い勉強になります。

第3章

パケットキャプチャを作ってみる

3-1 リンクレイヤーからのパケットを解析する

リンクレイヤーからデータを受信することができるようになりましたので、各レイヤーでのプロトコルの解析の練習を兼ねて、簡単なパケットキャプチャを作ってみましょう。ブリッジの自作では、パケットの解析は基本的に必要ありませんが、ルーターを自作する際にはIPレベルまでの解析は必要ですので、その予行練習になります。パケットを受信することはすでにできていますので、解析の仕方がポイントです。

処理の流れ

前章のサンプルと基本的に同じ流れですが、パケットの解析をより深いレベルまで行います（図3-1）。

関数の構成

まず、関数の構成を見てみましょう。

```
main() <pcap.c>：メイン関数
    InitRawSocket() <pcap.c>：RAWソケット準備
    AnalyzePacket() <analyze.c>：パケット解析
        PrintEtherHeader() <print.c>：Etherヘッダ表示
            my_ether_ntoa_r() <print.c>：MACアドレスの文字列化
        AnalyzeArp() <analyze.c>：ARPパケット解析
        PrintArp() <print.c>：ARP表示
            my_ether_ntoa_r() <print.c>：MACアドレスの文字列化
            arp_ip2str() <print.c>：ARP用IPデータの文字列化
        AnalyzeIp() <analyze.c>：IPパケット解析
            checkIPchecksum() <checksum.c>：IPチェックサム確認
                checksum() <checksum.c>：チェックサム計算
                checksum2() <checksum.c>：2データ用チェックサム計算
```

→ P.64につづく

○図3-1 パケット解析の処理の流れ

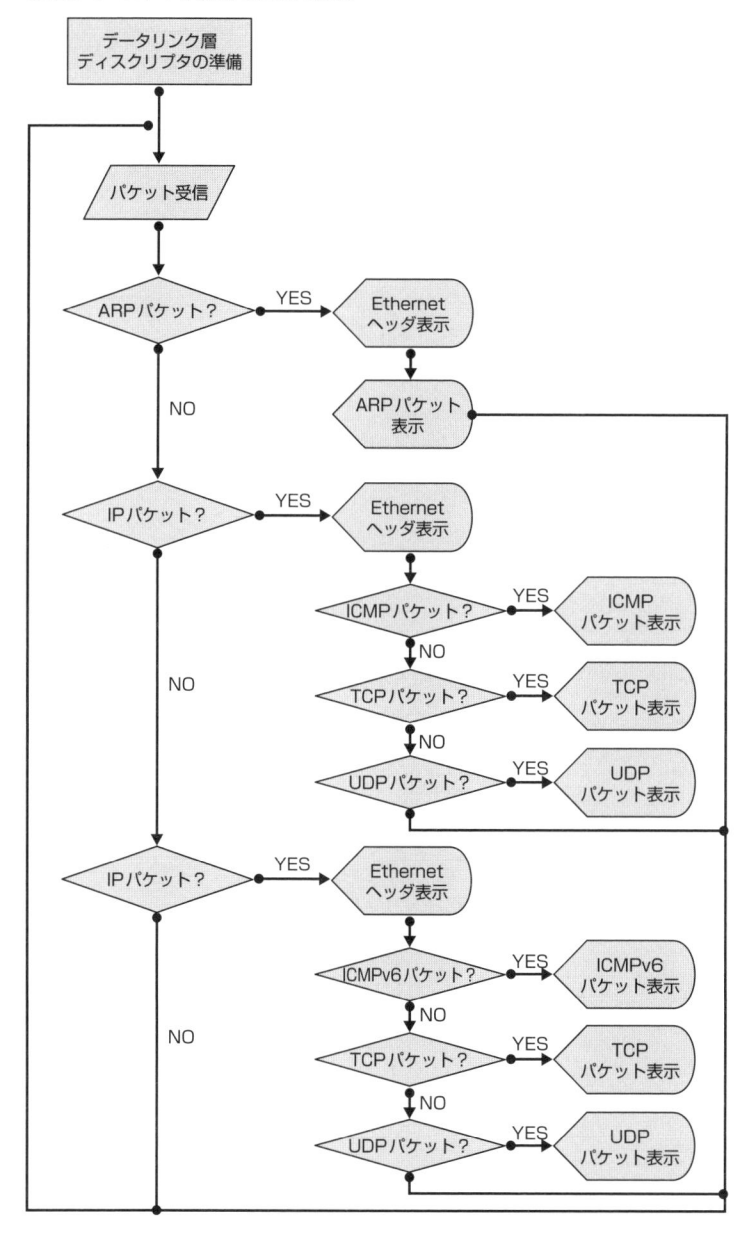

```
            PrintIpHeader() <print.c>：IPヘッダ表示
                ip_ip2str() <print.c>：IP用IPデータの文字列化
        checksum() <checksum.c>：チェックサム計算
        AnalyzeIcmp() <analyze.c>：ICMPパケット解析
            PrintIcmp() <print.c>：ICMP表示
        checkIPDATAchecksum() <checksum.c>：IPデータチェックサム確認
            checksum2() <checksum.c>：2データ用チェックサム計算
        AnalyzeTcp() <analyze.c>：TCPパケット解析
            PrintTcp() <print.c>：TCP表示
        AnalyzeUdp() <analyze.c>：UDPパケット解析
            PrintUdp() <print.c>：UDP表示
    AnalyzeIpv6() <analyze.c>：IPv6パケット解析
        PrintIp6Header() <print.c>：IPv6ヘッダ表示
        checkIP6DATAchecksum() <checksum.c>：IPv6データチェックサム確認
            checksum2() <checksum.c>：2データ用チェックサム計算
        AnalyzeIcmp6() <analyze.c>：ICMPv6パケット解析
            PrintIcmp6() <print.c>：ICMPv6表示
        AnalyzeTcp() <analyze.c>：TCPパケット解析
            PrintTcp() <print.c>：TCP表示
        AnalyzeUdp() <analyze.c>：UDPパケット解析
            PrintUdp() <print.c>：UDP表示
```

以降の節でサンプルソースを見ていきますが、パケットの解析や表示はソースが長くなるので、4つのソースに分割しました。

3-2 キャプチャのメイン処理 〜サンプルソース1 pcap.c

では、メイン関数を含むソースから順に見ていきましょう。

ヘッダファイルのインクルード

● pcap.c

```c
#include    <stdio.h>
#include    <string.h>
#include    <unistd.h>
#include    <sys/ioctl.h>
#include    <arpa/inet.h>
#include    <sys/socket.h>
#include    <linux/if.h>
#include    <net/ethernet.h>
#include    <netpacket/packet.h>
#include    <netinet/if_ether.h>
#include    <netinet/ip.h>
#include    "analyze.h"
```

linux/if.h以下のインクルードファイルがネットワークインターフェースやデータリンク層を扱うのに必要です。また、解析部分のソースに含まれる関数のプロトタイプ宣言をanalyze.hで行いますので、インクルードするようにしてください。

データリンク層を扱うディスクリプタを得る

● pcap.c つづき

```c
int InitRawSocket(char *device,int promiscFlag,int ipOnly)
{
```

```c
struct ifreq    ifreq;
struct sockaddr_ll    sa;
int     soc;

    if(ipOnly){
        if((soc=socket(PF_PACKET,SOCK_RAW,htons(ETH_P_IP)))<0){
            perror("socket");
            return(-1);
        }
    }
    else{
            if((soc=socket(PF_PACKET,SOCK_RAW,htons(ETH_P_ALL)))<0){
            perror("socket");
            return(-1);
        }
    }

    memset(&ifreq,0,sizeof(struct ifreq));
    strncpy(ifreq.ifr_name,device,sizeof(ifreq.ifr_name)-1);
    if(ioctl(soc,SIOCGIFINDEX,&ifreq)<0){
        perror("ioctl");
        close(soc);
        return(-1);
    }
    sa.sll_family=PF_PACKET;
    if(ipOnly){
        sa.sll_protocol=htons(ETH_P_IP);
    }
    else{
        sa.sll_protocol=htons(ETH_P_ALL);
    }
    sa.sll_ifindex=ifreq.ifr_ifindex;
    if(bind(soc,(struct sockaddr *)&sa,sizeof(sa))<0){
        perror("bind");
        close(soc);
        return(-1);
    }

    if(promiscFlag){
        if(ioctl(soc,SIOCGIFFLAGS,&ifreq)<0){
            perror("ioctl");
            close(soc);
```

```
            return(-1);
    }
    ifreq.ifr_flags=ifreq.ifr_flags|IFF_PROMISC;
    if(ioctl(soc,SIOCSIFFLAGS,&ifreq)<0){
        perror("ioctl");
        close(soc);
        return(-1);
    }
}

return(soc);
}
```

前章の InitRawSocket() と同じ内容です。

Ethenet ヘッダの内容を表示する

● pcap.c つづき

```
int main(int argc,char *argv[],char *envp[])
{
int     soc,size;
u_char  buf[65535];

    if(argc<=1){
        fprintf(stderr,"pcap device-name\n");
        return(1);
    }

    if((soc=InitRawSocket(argv[1],0,0))==-1){
        fprintf(stderr,"InitRawSocket:error:%s\n",argv[1]);
        return(-1);
    }

    while(1){
        if((size=read(soc,buf,sizeof(buf)))<=0){
            perror("read");
        }
        else{
            AnalyzePacket(buf,size);
```

```
        }
    }

    close(soc);

    return(0);
}
```

　前章では PrintEtherHeader() でパケットの Ethernet ヘッダの内容を表示していましたが、今回は AnalyzePacket() をコールするようにしています。大きなパケットも扱えるように buf は 65535 バイトにしておきました。

3-3 パケットを解析する 〜サンプルソース2 analyze.c

次に解析用のソースを見ていきましょう。

ヘッダのインクルード

▶ analyze.c

```c
#include <stdio.h>
#include <string.h>
#include <unistd.h>
#include <sys/ioctl.h>
#include <arpa/inet.h>
#include <sys/socket.h>
#include <linux/if.h>
#include <net/ethernet.h>
#include <netpacket/packet.h>
#include <netinet/if_ether.h>
#include <netinet/ip.h>
#include <netinet/ip6.h>
#include <netinet/ip_icmp.h>
#include <netinet/icmp6.h>
#include <netinet/tcp.h>
#include <netinet/udp.h>
#include "checksum.h"
#include "print.h"
```

まず解析に必要なヘッダをインクルードします。

- ETHER：netient/if_ether.h
- ARP：netient/if_ether.h
- IP：netient/ip.h

- IPv6：netinet/ip6.h
- ICMP：netient/ip_icmp.h
- ICMPv6：netient/icmp6.h
- TCP：netinet/tcp.h
- UDP：netinet/udp.h

　さらに、チェックサム計算用に作成するソースとパケットの内容表示用に作成するソースのプロトタイプ宣言を記述する checksum.h と print.h をインクルードしてください。

● analyze.c つづき

```
#ifndef ETHERTYPE_IPV6
#define ETHERTYPE_IPV6  0x86dd
#endif
```

　環境によっては ETHERTYPE_IPV6 がインクルードファイルで define されていません。そこで、未定義なら定義するようにしました。

各パケットを解析する

● analyze.c つづき

```
int AnalyzeArp(u_char *data,int size)
{
u_char  *ptr;
int     lest;
struct ether_arp    *arp;

    ptr=data;
    lest=size;

    if(lest<sizeof(struct ether_arp)){
        fprintf(stderr,"lest(%d)<sizeof(struct iphdr)¥n",lest);
        return(-1);
    }
    arp=(struct ether_arp *)ptr;
```

```
        ptr+=sizeof(struct ether_arp);
        lest-=sizeof(struct ether_arp);

        PrintArp(arp,stdout);

        return(0);
}
```

　ARPパケットを解析します。基本的に、パケットの解析は、プロトコルごとに定義されている構造体にデータのポインタをキャストして代入し、構造体でアクセスする方法を使います。この先それぞれのプロトコルごとに関数を用意していますが、いずれも、

・構造体のサイズ分のデータがあるかどうかのチェック
・データポインタを構造体にキャストして代入
・表示用関数の呼び出し

を行います。ここではARP用の構造体「struct ether_arp」を使用しています。

◯ analyze.c つづき
```
int AnalyzeIcmp(u_char *data,int size)
{
u_char  *ptr;
int     lest;
struct icmp    *icmp;

    ptr=data;
    lest=size;

    if(lest<sizeof(struct icmp)){
        fprintf(stderr,"lest(%d)<sizeof(struct icmp)\n",lest);
        return(-1);
    }
    icmp=(struct icmp *)ptr;
    ptr+=sizeof(struct icmp);
```

```
    lest-=sizeof(struct icmp);

    PrintIcmp(icmp,stdout);

    return(0);
}
```

ICMPパケットの解析関数です。ICMP用の構造体「struct icmp」を使用します。ICMPの場合、内容によってさまざまなデータが続きますが、ここでは先頭部分の解析のみを行っています。

▶ analyze.c つづき

```
int AnalyzeIcmp6(u_char *data,int size)
{
u_char  *ptr;
int     lest;
struct icmp6_hdr    *icmp6;

    ptr=data;
    lest=size;

    if(lest<sizeof(struct icmp6_hdr)){
        fprintf(stderr,"lest(%d)<sizeof(struct icmp6_hdr)\n",lest);
        return(-1);
    }
    icmp6=(struct icmp6_hdr *)ptr;
    ptr+=sizeof(struct icmp6_hdr);
    lest-=sizeof(struct icmp6_hdr);

    PrintIcmp6(icmp6,stdout);

    return(0);
}
```

ICMPv6パケットの解析関数です。ICMPv6用の構造体「struct icmp6_hdr」を使用します。ICMP同様、こちらも内容によってさまざまなデータが続きます。

● analyze.c つづき

```c
int AnalyzeTcp(u_char *data,int size)
{
u_char  *ptr;
int     lest;
struct tcphdr   *tcphdr;

    ptr=data;
    lest=size;

    if(lest<sizeof(struct tcphdr)){
        fprintf(stderr,"lest(%d)<sizeof(struct tcphdr)\n",lest);
        return(-1);
    }

    tcphdr=(struct tcphdr *)ptr;
    ptr+=sizeof(struct tcphdr);
    lest-=sizeof(struct tcphdr);

    PrintTcp(tcphdr,stdout);

    return(0);
}
```

　TCPパケットの解析関数です。TCPヘッダ用の構造体「struct tcphdr」を使用します。TCPはヘッダの後にデータが続きますが、ここではヘッダのみを解析しています。

● analyze.c つづき

```c
int AnalyzeUdp(u_char *data,int size)
{
u_char  *ptr;
int     lest;
struct udphdr   *udphdr;

    ptr=data;
    lest=size;
```

```
    if(lest<sizeof(struct udphdr)){
        fprintf(stderr,"lest(%d)<sizeof(struct udphdr)\n",lest);
        return(-1);
    }

    udphdr=(struct udphdr *)ptr;
    ptr+=sizeof(struct udphdr);
    lest-=sizeof(struct udphdr);

    PrintUdp(udphdr,stdout);

    return(0);
}
```

 UDPパケットの解析関数です。UDPヘッダ用の構造体「struct udphdr」を使用します。UDPもヘッダの後にデータが続きますが、ここではヘッダのみを解析しています。

● analyze.c つづき

```
int AnalyzeIp(u_char *data,int size)
{
u_char  *ptr;
int     lest;
struct iphdr    *iphdr;
u_char  *option;
int     optionLen,len;
unsigned short  sum;

    ptr=data;
    lest=size;

    if(lest<sizeof(struct iphdr)){
        fprintf(stderr,"lest(%d)<sizeof(struct iphdr)\n",lest);
        return(-1);
    }
    iphdr=(struct iphdr *)ptr;
    ptr+=sizeof(struct iphdr);
    lest-=sizeof(struct iphdr);
```

IPパケットの解析関数です。データサイズのチェックとIPヘッダ用構造体「struct iphdr」への代入を行います。

なお、IPヘッダ用構造体は「struct iphdr」のほかに「struct ip」も使えます。BSD系は「struct ip」を使うようです。定義の仕方が少し違うのと、メンバーの名前が異なる点以外は同じです。好みに合う方を使うとよいでしょう。

● analyze.c つづき

```
optionLen=iphdr->ihl*4-sizeof(struct iphdr);
if(optionLen>0){
    if(optionLen>=1500){
        fprintf(stderr,"IP optionLen(%d):too big\n",optionLen);
        return(-1);
    }
    option=ptr;
    ptr+=optionLen;
    lest-=optionLen;
}
```

IPヘッダには不定長のオプションが存在します。ここでは内容は確認していませんが、その分のポインタを進めるようにしています。

● analyze.c つづき

```
if(checkIPchecksum(iphdr,option,optionLen)==0){
    fprintf(stderr,"bad ip checksum\n");
    return(-1);
}

PrintIpHeader(iphdr,option,optionLen,stdout);
```

IPパケットにはパケットの正しさを確認できるように、チェックサムがあります。実際にはTCP、UDPなど、中のデータにIPヘッダの情報も含めたチェックサムがあるため、あまり意味がないということでIPv6では廃止されました。しかし、ICMPのチェックサムがIPヘッダの情報

を含まないので、一応チェックする方が良いでしょう。ICMPv6 ではチェックサムに IP ヘッダの情報も含むようになりました。

チェックサムが正しければ、IP ヘッダの内容表示関数を呼び出しています。

◯ analyze.c つづき

```
    if(iphdr->protocol==IPPROTO_ICMP){
        len=ntohs(iphdr->tot_len)-iphdr->ihl*4;
        sum=checksum(ptr,len);
        if(sum!=0&&sum!=0xFFFF){
            fprintf(stderr,"bad icmp checksum¥n");
            return(-1);
        }
        AnalyzeIcmp(ptr,lest);
    }
```

含まれるデータのプロトコルが ICMP の場合の処理です。

まず ICMP パケットのチェックサムを確認しています。ICMP パケットのチェックサムは ICMP パケットの内容のみで計算するため、IP ヘッダの情報が含まれていません。チェックサムに問題がなければ ICMP の解析関数を呼び出しています。

◯ analyze.c つづき

```
    else if(iphdr->protocol==IPPROTO_TCP){
        len=ntohs(iphdr->tot_len)-iphdr->ihl*4;
        if(checkIPDATAchecksum(iphdr,ptr,len)==0){
            fprintf(stderr,"bad tcp checksum¥n");
            return(-1);
        }
        AnalyzeTcp(ptr,lest);
    }
    else if(iphdr->protocol==IPPROTO_UDP){
        struct udphdr  *udphdr;
        udphdr=(struct udphdr *)ptr;
        len=ntohs(iphdr->tot_len)-iphdr->ihl*4;
        if(udphdr->check!=0&&checkIPDATAchecksum(iphdr,ptr,len)==0){
            fprintf(stderr,"bad udp checksum¥n");
```

```
            return(-1);
        }
        AnalyzeUdp(ptr,lest);
    }

    return(0);
}
```

　TCPとUDPは同じような処理になります。チェックサムの計算はTCP、UDPともIPヘッダの情報も含めて計算します。計算方法はチェックサム計算ソースの説明の部分で行います。UDPの場合はチェックサムにゼロを指定された場合にチェックサムは無指定となります。チェックサムに問題がなければ、TCP、UDPの解析関数を呼び出しています。

　なお、パケットキャプチャをしてみると、TCPのチェックサムがエラーばかり、ということがあるかもしれません。他のホストからの受信データはチェックサムがおかしければ「データが壊れている」という判断で問題ないのですが、送信時には全てのパケットのチェックサムがおかしい場合があります。なぜなら「TCPオフロード」と呼ばれる、ネットワークインターフェースのハードウェアにチェックサムを計算させ、速度を上げるという手法があるからです。リンクレイヤーでキャプチャしているものはネットワークインターフェースから出る前のパケットですので、チェックサムが計算されていない状態をキャプチャしている可能性があるのです。

　チェックサムの計算は、全データを対象に計算するため、それなりに重たい処理です。それを高速なハード側に任せれば速度が上がるということで、ギガビット以上のネットワークインターフェースでは効果的と言われているようです。

● analyze.c つづき
```
int AnalyzeIpv6(u_char *data,int size)
{
u_char   *ptr;
```

```
int     lest;
struct ip6_hdr  *ip6;
int     len;

    ptr=data;
    lest=size;

    if(lest<sizeof(struct ip6_hdr)){
        fprintf(stderr,"lest(%d)<sizeof(struct ip6_hdr)\n",lest);
        return(-1);
    }
    ip6=(struct ip6_hdr *)ptr;
    ptr+=sizeof(struct ip6_hdr);
    lest-=sizeof(struct ip6_hdr);

    PrintIp6Header(ip6,stdout);
```

IPv6 パケットの解析関数です。データサイズのチェックと IPv6 ヘッダ用構造体「struct ip6_hdr」への代入を行います。IPv6 では UDP もチェックサムは必須となっています。

● analyze.c つづき

```
    if(ip6->ip6_nxt==IPPROTO_ICMPV6){
        len=ntohs(ip6->ip6_plen);
        if(checkIP6DATAchecksum(ip6,ptr,len)==0){
            fprintf(stderr,"bad icmp6 checksum\n");
            return(-1);
        }
        AnalyzeIcmp6(ptr,lest);
    }
    else if(ip6->ip6_nxt==IPPROTO_TCP){
        len=ntohs(ip6->ip6_plen);
        if(checkIP6DATAchecksum(ip6,ptr,len)==0){
            fprintf(stderr,"bad tcp6 checksum\n");
            return(-1);
        }
        AnalyzeTcp(ptr,lest);
    }
    else if(ip6->ip6_nxt==IPPROTO_UDP){
```

```
            len=ntohs(ip6->ip6_plen);
            if(checkIP6DATAchecksum(ip6,ptr,len)==0){
                fprintf(stderr,"bad udp6 checksum\n");
                return(-1);
            }
            AnalyzeUdp(ptr,lest);
        }

        return(0);
}
```

含まれているデータのプロトコルに応じた分岐を行っています。ICMPv6 は TCP、UDP と同様に IPv6 ヘッダの情報も使ってチェックサムを計算するようになりましたので、3 つとも同じような処理になります。いずれもチェックサムに問題がなければプロトコルごとの解析関数を呼び出しています。

◯ analyze.c つづき

```
int AnalyzePacket(u_char *data,int size)
{
u_char  *ptr;
int     lest;
struct ether_header     *eh;

    ptr=data;
    lest=size;

    if(lest<sizeof(struct ether_header)){
        fprintf(stderr,"lest(%d)<sizeof(struct ether_header)\n",lest);
        return(-1);
    }
    eh=(struct ether_header *)ptr;
    ptr+=sizeof(struct ether_header);
    lest-=sizeof(struct ether_header);

    if(ntohs(eh->ether_type)==ETHERTYPE_ARP){
        fprintf(stderr,"Packet[%dbytes]\n",size);
        PrintEtherHeader(eh,stdout);
```

```
        AnalyzeArp(ptr,lest);
    }
    else if(ntohs(eh->ether_type)==ETHERTYPE_IP){
        fprintf(stderr,"Packet[%dbytes]\n",size);
        PrintEtherHeader(eh,stdout);
        AnalyzeIp(ptr,lest);
    }
    else if(ntohs(eh->ether_type)==ETHERTYPE_IPV6){
        fprintf(stderr,"Packet[%dbytes]\n",size);
        PrintEtherHeader(eh,stdout);
        AnalyzeIpv6(ptr,lest);
    }

    return(0);
}
```

　パケットをリンクレイヤーで受信して最初に呼び出す関数です。「struct ether_header」を使って Ethernet ヘッダの情報を解析します。このサンプルでは ARP、IP、IPv6 のみ扱いますので、ether_type で分岐しています。対象のパケットのみ Ethernet ヘッダを表示するように、分岐の中に Ethernet ヘッダの表示関数も入れています。

3-4 内容表示用関数を記述する ～サンプルソース3 print.c

続いては、内容表示用関数を記述するソースです。

ヘッダファイルをインクルードする

▶ print.c

```
#include    <stdio.h>
#include    <string.h>
#include    <unistd.h>
#include    <sys/ioctl.h>
#include    <arpa/inet.h>
#include    <sys/socket.h>
#include    <linux/if.h>
#include    <net/ethernet.h>
#include    <netpacket/packet.h>
#include    <netinet/if_ether.h>
#include    <netinet/ip.h>
#include    <netinet/ip6.h>
#include    <netinet/ip_icmp.h>
#include    <netinet/icmp6.h>
#include    <netinet/tcp.h>
#include    <netinet/udp.h>

#ifndef ETHERTYPE_IPV6
#define ETHERTYPE_IPV6  0x86dd
#endif
```

必要なヘッダファイルは解析用ソースと同様です。

アドレスデータを文字化する

▶ print.c つづき

```c
char *my_ether_ntoa_r(u_char *hwaddr,char *buf,socklen_t size)
{
    snprintf(buf,size,"%02x:%02x:%02x:%02x:%02x:%02x",
            hwaddr[0],hwaddr[1],hwaddr[2],hwaddr[3],hwaddr[4],hwaddr[5]);

    return(buf);
}
```

　inet_ntoa() と同じように、MAC アドレスデータを文字列化する関数を用意しました。多重呼び出しに対応できるよう、格納先バッファも引数で渡すようにしています。

▶ print.c つづき

```c
char *arp_ip2str(u_int8_t *ip,char *buf,socklen_t size)
{
    snprintf(buf,size,"%u.%u.%u.%u",ip[0],ip[1],ip[2],ip[3]);

    return(buf);
}
```

　「struct in_addr」であれば、inet_ntoa() で文字列化ができますが、ARP ヘッダでは u_int8_t 型の配列で IP アドレスを扱っています。そこで、それを文字列化する関数を用意しました。

▶ print.c つづき

```c
char *ip_ip2str(u_int32_t ip,char *buf,socklen_t size)
{
struct in_addr  *addr;

    addr=(struct in_addr *)&ip;
    inet_ntop(AF_INET,addr,buf,size);

    return(buf);
```

}

「struct in_addr」であれば、inet_ntoa() で文字列化ができますが、「struct iphdr」では「u_int32_t」で IP アドレスを扱うようになっているため、それを文字列化する関数を用意しました。inet_ntop() を使って文字列化しています。

● print.c つづき

```c
int PrintEtherHeader(struct ether_header *eh,FILE *fp)
{
char    buf[80];

    fprintf(fp,"ether_header----------------------------\n");
    fprintf(fp,"ether_dhost=%s\n",my_ether_ntoa_r(eh->ether_dhost,buf,sizeof(buf)));
    fprintf(fp,"ether_shost=%s\n",my_ether_ntoa_r(eh->ether_shost,buf,sizeof(buf)));
    fprintf(fp,"ether_type=%02X",ntohs(eh->ether_type));
    switch(ntohs(eh->ether_type)){
        case    ETH_P_IP:
            fprintf(fp,"(IP)\n");
            break;
        case    ETH_P_IPV6:
            fprintf(fp,"(IPv6)\n");
            break;
        case    ETH_P_ARP:
            fprintf(fp,"(ARP)\n");
            break;
        default:
            fprintf(fp,"(unknown)\n");
            break;
    }

    return(0);
}
```

各ヘッダを表示する

Ethernet ヘッダを表示するための関数です。前章のものと同じです。

第3章 パケットキャプチャを作ってみる

● print.c つづき

```c
int PrintArp(struct ether_arp *arp,FILE *fp)
{
static char *hrd[]={
    "From KA9Q: NET/ROM pseudo.",
    "Ethernet 10/100Mbps.",
    "Experimental Ethernet.",
    "AX.25 Level 2.",
    "PROnet token ring.",
    "Chaosnet.",
    "IEEE 802.2 Ethernet/TR/TB.",
    "ARCnet.",
    "APPLEtalk.",
    "undefine",
    "undefine",
    "undefine",
    "undefine",
    "undefine",
    "undefine",
    "Frame Relay DLCI.",
    "undefine",
    "undefine",
    "undefine",
    "ATM.",
    "undefine",
    "undefine",
    "undefine",
    "Metricom STRIP (new IANA id)."
};
static char *op[]={
    "undefined",
    "ARP request.",
    "ARP reply.",
    "RARP request.",
    "RARP reply.",
    "undefined",
    "undefined",
    "undefined",
    "InARP request.",
    "InARP reply.",
    "(ATM)ARP NAK."
};
```

3-4 内容表示用関数を記述する ～サンプルソース3 print.c

```c
    char    buf[80];

    fprintf(fp,"arp----------------------------------------\n");
    fprintf(fp,"arp_hrd=%u",ntohs(arp->arp_hrd));
    if(ntohs(arp->arp_hrd)<=23){
        fprintf(fp,"(%s),",hrd[ntohs(arp->arp_hrd)]);
    }
    else{
        fprintf(fp,"(undefined),");
    }
    fprintf(fp,"arp_pro=%u",ntohs(arp->arp_pro));
    switch(ntohs(arp->arp_pro)){
        case    ETHERTYPE_IP:
            fprintf(fp,"(IP)\n");
            break;
        case    ETHERTYPE_ARP:
            fprintf(fp,"(Address resolution)\n");
            break;
        case    ETHERTYPE_REVARP:
            fprintf(fp,"(Reverse ARP)\n");
            break;
        case    ETHERTYPE_IPV6:
            fprintf(fp,"(IPv6)\n");
            break;
        default:
            fprintf(fp,"(unknown)\n");
            break;
    }
    fprintf(fp,"arp_hln=%u,",arp->arp_hln);
    fprintf(fp,"arp_pln=%u,",arp->arp_pln);
    fprintf(fp,"arp_op=%u",ntohs(arp->arp_op));
    if(ntohs(arp->arp_op)<=10){
        fprintf(fp,"(%s)\n",op[ntohs(arp->arp_op)]);
    }
    else{
        fprintf(fp,"(undefine)\n");
    }
    fprintf(fp,"arp_sha=%s\n",my_ether_ntoa_r(arp->arp_sha,buf,sizeof(buf)));
    fprintf(fp,"arp_spa=%s\n",arp_ip2str(arp->arp_spa,buf,sizeof(buf)));
    fprintf(fp,"arp_tha=%s\n",my_ether_ntoa_r(arp->arp_tha,buf,sizeof(buf)));
    fprintf(fp,"arp_tpa=%s\n",arp_ip2str(arp->arp_spa,buf,sizeof(buf)));
```

```
    return(0);
}
```

ARPヘッダを表示するための関数です。プロトコルとオプションは値だけでなく説明も表示するようにしたため、少しソースが長くなっていますが、ARPヘッダ自体は非常にシンプルです。

● print.c つづき

```
static char     *Proto[]={
    "undefined",
    "ICMP",
    "IGMP",
    "undefined",
    "IPIP",
    "undefined",
    "TCP",
    "undefined",
    "EGP",
    "undefined",
    "undefined",
    "undefined",
    "PUP",
    "undefined",
    "undefined",
    "undefined",
    "undefined",
    "UDP"
};
```

IP、IPv6ヘッダを表示する際に使う、プロトコルの説明用文字列を定義しています。本当はもっとたくさんありますが、このサンプルではUDPまでにしておきました。

● print.h つづき

```
int PrintIpHeader(struct iphdr *iphdr,u_char *option,int optionLen,FILE *fp)
{
int     i;
```

3-4 内容表示用関数を記述する ～サンプルソース3 print.c

```c
char    buf[80];

    fprintf(fp,"ip------------------------------------\n");
    fprintf(fp,"version=%u,",iphdr->version);
    fprintf(fp,"ihl=%u,",iphdr->ihl);
    fprintf(fp,"tos=%x,",iphdr->tos);
    fprintf(fp,"tot_len=%u,",ntohs(iphdr->tot_len));
    fprintf(fp,"id=%u\n",ntohs(iphdr->id));
    fprintf(fp,"frag_off=%x,%x,",(ntohs(iphdr->frag_off)>>13)&0x07,
ntohs(iphdr->frag_off)&0x1FFF);
    fprintf(fp,"ttl=%u,",iphdr->ttl);
    fprintf(fp,"protocol=%u",iphdr->protocol);
    if(iphdr->protocol<=17){
        fprintf(fp,"(%s),",Proto[iphdr->protocol]);
    }
    else{
        fprintf(fp,"(undefined),");
    }
    fprintf(fp,"check=%x\n",iphdr->check);
    fprintf(fp,"saddr=%s,",ip_ip2str(iphdr->saddr,buf,sizeof(buf)));
    fprintf(fp,"daddr=%s\n",ip_ip2str(iphdr->daddr,buf,sizeof(buf)));
    if(optionLen>0){
        fprintf(fp,"option:");
        for(i=0;i<optionLen;i++){
            if(i!=0){
                fprintf(fp,":%02x",option[i]);
            }
            else{
                fprintf(fp,"%02x",option[i]);
            }
        }
    }

    return(0);
}
```

IPヘッダの表示関数です。構造体のメンバーを型に応じて表示しています。オプションに関しては単に16進数で表示するようにしました。

● print.c つづき

```c
int PrintIp6Header(struct ip6_hdr *ip6,FILE *fp)
{
char    buf[80];

    fprintf(fp,"ip6------------------------------------¥n");

    fprintf(fp,"ip6_flow=%x,",ip6->ip6_flow);
    fprintf(fp,"ip6_plen=%d,",ntohs(ip6->ip6_plen));
    fprintf(fp,"ip6_nxt=%u",ip6->ip6_nxt);
    if(ip6->ip6_nxt<=17){
        fprintf(fp,"(%s),",Proto[ip6->ip6_nxt]);
    }
    else{
        fprintf(fp,"(undefined),");
    }
    fprintf(fp,"ip6_hlim=%d,",ip6->ip6_hlim);

    fprintf(fp,"ip6_src=%s¥n",inet_ntop(AF_INET6,&ip6->ip6_src,buf,sizeof(buf)));
    fprintf(fp,"ip6_dst=%s¥n",inet_ntop(AF_INET6,&ip6->ip6_dst,buf,sizeof(buf)));

    return(0);
}
```

IPv6 ヘッダの表示関数です。IP ヘッダよりかなりシンプルになっています。

● print.c つづき

```c
int PrintIcmp(struct icmp *icmp,FILE *fp)
{
static char     *icmp_type[]={
    "Echo Reply",
    "undefined",
    "undefined",
    "Destination Unreachable",
    "Source Quench",
    "Redirect",
    "undefined",
```

3-4 内容表示用関数を記述する ～サンプルソース 3 print.c

```c
        "undefined",
        "Echo Request",
        "Router Adverisement",
        "Router Selection",
        "Time Exceeded for Datagram",
        "Parameter Problem on Datagram",
        "Timestamp Request",
        "Timestamp Reply",
        "Information Request",
        "Information Reply",
        "Address Mask Request",
        "Address Mask Reply"
    };

    fprintf(fp,"icmp-------------------------------------\n");

    fprintf(fp,"icmp_type=%u,",icmp->icmp_type);
    if(icmp->icmp_type<=18){
        fprintf(fp,"(%s),",icmp_type[icmp->icmp_type]);
    }
    else{
        fprintf(fp,"(undefined),");
    }
    fprintf(fp,"icmp_code=%u,",icmp->icmp_code);
    fprintf(fp,"icmp_cksum=%u\n",ntohs(icmp->icmp_cksum));

    if(icmp->icmp_type==0||icmp->icmp_type==8){
        fprintf(fp,"icmp_id=%u,",ntohs(icmp->icmp_id));
        fprintf(fp,"icmp_seq=%u\n",ntohs(icmp->icmp_seq));
    }

    return(0);
}
```

　ICMP ヘッダの表示関数です。Echo Reply と Echo Request のみ個別の内容も表示しています。Destination Unreachable などではエラーになったデータの先頭部分がそのまま入るなど、すべてを真面目に解析すると少々手間がかかるためです。

◐ print.c つづき

```c
int PrintIcmp6(struct icmp6_hdr *icmp6,FILE *fp)
{

    fprintf(fp,"icmp6------------------------------------¥n");

    fprintf(fp,"icmp6_type=%u",icmp6->icmp6_type);
    if(icmp6->icmp6_type==1){
        fprintf(fp,"(Destination Unreachable),");
    }
    else if(icmp6->icmp6_type==2){
        fprintf(fp,"(Packet too Big),");
    }
    else if(icmp6->icmp6_type==3){
        fprintf(fp,"(Time Exceeded),");
    }
    else if(icmp6->icmp6_type==4){
        fprintf(fp,"(Parameter Problem),");
    }
    else if(icmp6->icmp6_type==128){
        fprintf(fp,"(Echo Request),");
    }
    else if(icmp6->icmp6_type==129){
        fprintf(fp,"(Echo Reply),");
    }
    else{
        fprintf(fp,"(undefined),");
    }
    fprintf(fp,"icmp6_code=%u,",icmp6->icmp6_code);
    fprintf(fp,"icmp6_cksum=%u¥n",ntohs(icmp6->icmp6_cksum));

    if(icmp6->icmp6_type==128||icmp6->icmp6_type==129){
        fprintf(fp,"icmp6_id=%u,",ntohs(icmp6->icmp6_id));
        fprintf(fp,"icmp6_seq=%u¥n",ntohs(icmp6->icmp6_seq));
    }

    return(0);
}
```

　ICMPv6 ヘッダの表示関数です。こちらも Echo Request と Echo Reply のみ個別の内容も表示しています。

3-4 内容表示用関数を記述する ～サンプルソース3 print.c

● print.c つづき

```c
int PrintTcp(struct tcphdr *tcphdr,FILE *fp)
{
    fprintf(fp,"tcp------------------------------------¥n");

    fprintf(fp,"source=%u,",ntohs(tcphdr->source));
    fprintf(fp,"dest=%u¥n",ntohs(tcphdr->dest));
    fprintf(fp,"seq=%u¥n",ntohl(tcphdr->seq));
    fprintf(fp,"ack_seq=%u¥n",ntohl(tcphdr->ack_seq));
    fprintf(fp,"doff=%u,",tcphdr->doff);
    fprintf(fp,"urg=%u,",tcphdr->urg);
    fprintf(fp,"ack=%u,",tcphdr->ack);
    fprintf(fp,"psh=%u,",tcphdr->psh);
    fprintf(fp,"rst=%u,",tcphdr->rst);
    fprintf(fp,"syn=%u,",tcphdr->syn);
    fprintf(fp,"fin=%u,",tcphdr->fin);
    fprintf(fp,"th_win=%u¥n",ntohs(tcphdr->window));
    fprintf(fp,"th_sum=%u,",ntohs(tcphdr->check));
    fprintf(fp,"th_urp=%u¥n",ntohs(tcphdr->urg_ptr));

    return(0);
}
```

　TCPヘッダの表示関数です。ヘッダの後にデータが続きますが、このサンプルではヘッダのみを表示しています。

● print.c つづき

```c
int PrintUdp(struct udphdr *udphdr,FILE *fp)
{
    fprintf(fp,"udp------------------------------------¥n");

    fprintf(fp,"source=%u,",ntohs(udphdr->source));
    fprintf(fp,"dest=%u¥n",ntohs(udphdr->dest));
    fprintf(fp,"len=%u,",ntohs(udphdr->len));
    fprintf(fp,"check=%x¥n",ntohs(udphdr->check));

    return(0);
}
```

　UDPヘッダの表示関数です。この後に続くデータは扱っていません。

3-5 チェックサムをチェックする 〜サンプルソース4 checksum.c

ヘッダファイルをインクルードする

最後は、チェックサムをチェックするための関数を記述するソースです。

▶ checksum.c

```
#include    <stdio.h>
#include    <string.h>
#include    <unistd.h>
#include    <sys/ioctl.h>
#include    <arpa/inet.h>
#include    <sys/socket.h>
#include    <linux/if.h>
#include    <net/ethernet.h>
#include    <netpacket/packet.h>
#include    <netinet/if_ether.h>
#include    <netinet/ip.h>
#include    <netinet/ip6.h>
#include    <netinet/ip_icmp.h>
#include    <netinet/icmp6.h>
#include    <netinet/tcp.h>
#include    <netinet/udp.h>
```

TCP、UDP、ICMPv6のチェックサムはIP、IPv6ヘッダの情報も含めて計算します。

疑似ヘッダを定義する

▶ checksum.c つづき

```
struct pseudo_ip{
    struct in_addr  ip_src;
```

```
    struct in_addr   ip_dst;
    unsigned char    dummy;
    unsigned char    ip_p;
    unsigned short   ip_len;
};

struct pseudo_ip6_hdr{
    struct in6_addr src;
    struct in6_addr dst;
    unsigned long    plen;
    unsigned short   dmy1;
    unsigned char    dmy2;
    unsigned char    nxt;
};
```

IP、IPv6 ヘッダをそのまま使うのではなく、疑似ヘッダを使います。疑似ヘッダの定義は標準のインクルードファイルでは提供されていませんので、自分で定義します。

チェックサムを計算する

◯ checksum.c つづき

```
u_int16_t checksum(u_char *data,int len)
{
register u_int32_t    sum;
register u_int16_t    *ptr;
register int     c;

    sum=0;
    ptr=(u_int16_t *)data;

    for(c=len;c>1;c-=2){
        sum+=(*ptr);
        if(sum&0x80000000){
            sum=(sum&0xFFFF)+(sum>>16);
        }
        ptr++;
    }
    if(c==1){
```

第3章 パケットキャプチャを作ってみる

```
        u_int16_t        val;
        val=0;
        memcpy(&val,ptr,sizeof(u_int8_t));
        sum+=val;
    }

    while(sum>>16){
        sum=(sum&0xFFFF)+(sum>>16);
    }

    return(~sum);
}
```

　チェックサム計算関数です。インターネットプロトコルのチェックサムはすべて同じ計算を使います。計算方法は、「対象となるパケットに対して、16ビットごとの1の補数和をとり、さらにその1の補数をとる」となります。

「1の補数和の1の補数」を使うのは、チェックサムが正しく含まれたデータのチェックサムを計算するとゼロになるという特性を利用して、確認を容易にするためです。

● checksum.c つづき

```
u_int16_t checksum2(u_char *data1,int len1,u_char *data2,int len2)
{
register u_int32_t    sum;
register u_int16_t    *ptr;
register int          c;

    sum=0;
    ptr=(u_int16_t *)data1;
    for(c=len1;c>1;c-=2){
        sum+=(*ptr);
        if(sum&0x80000000){
            sum=(sum&0xFFFF)+(sum>>16);
        }
        ptr++;
    }
    if(c==1){
```

```c
            u_int16_t       val;
            val=((*ptr)<<8)+(*data2);
            sum+=val;
            if(sum&0x80000000){
                sum=(sum&0xFFFF)+(sum>>16);
            }
            ptr=(u_int16_t *)(data2+1);
            len2--;
        }
        else{
            ptr=(u_int16_t *)data2;
        }
        for(c=len2;c>1;c-=2){
            sum+=(*ptr);
            if(sum&0x80000000){
                sum=(sum&0xFFFF)+(sum>>16);
            }
            ptr++;
        }
        if(c==1){
            u_int16_t       val;
            val=0;
            memcpy(&val,ptr,sizeof(u_int8_t));
            sum+=val;
        }

        while(sum>>16){
            sum=(sum&0xFFFF)+(sum>>16);
        }

        return(~sum);
}
```

データを2つ渡し、全体のチェックサムを計算するための関数です。「IP疑似ヘッダとTCPデータを渡して計算したい」というような場合に便利に使えます。

● checksum.c つづき

```c
int checkIPchecksum(struct iphdr *iphdr,u_char *option,int optionLen)
```

```
{
unsigned short  sum;

    if(optionLen==0){
        sum=checksum((u_char *)iphdr,sizeof(struct iphdr));
        if(sum==0||sum==0xFFFF){
            return(1);
        }
        else{
            return(0);
        }
    }
    else{
        sum=checksum2((u_char *)iphdr,sizeof(struct iphdr),option,optionLen);
        if(sum==0||sum==0xFFFF){
            return(1);
        }
        else{
            return(0);
        }
    }
}
```

IPヘッダのチェックサムを確認する関数です。

オプションがない場合はそのまま全体のチェックサムを計算し、ゼロになれば正しいということになります。

オプションがある場合にはその部分もあわせて計算します。1の補数表現では0x0000、0xFFFFともにゼロとなります。

● checksum.c つづき

```
int checkIPDATAchecksum(struct iphdr *iphdr,unsigned char *data,int len)
{
struct pseudo_ip    p_ip;
unsigned short  sum;

    memset(&p_ip,0,sizeof(struct pseudo_ip));
    p_ip.ip_src.s_addr=iphdr->saddr;
    p_ip.ip_dst.s_addr=iphdr->daddr;
```

```
    p_ip.ip_p=iphdr->protocol;
    p_ip.ip_len=htons(len);

    sum=checksum2((unsigned char *)&p_ip,sizeof(struct pseudo_ip),data,len);
    if(sum==0||sum==0xFFFF){
        return(1);
    }
    else{
        return(0);
    }
}
```

IP の TCP、UDP のチェックサムを確認する関数です。疑似ヘッダに IP ヘッダの情報を格納し、TCP、UDP のデータとあわせてチェックサムを計算し、ゼロになれば正しいということになります。

○ checksum.c つづき

```
int checkIP6DATAchecksum(struct ip6_hdr *ip,unsigned char *data,int len)
{
struct pseudo_ip6_hdr   p_ip;
unsigned short  sum;

    memset(&p_ip,0,sizeof(struct pseudo_ip6_hdr));

    memcpy(&p_ip.src,&ip->ip6_src,sizeof(struct in6_addr));
    memcpy(&p_ip.dst,&ip->ip6_dst,sizeof(struct in6_addr));
    p_ip.plen=ip->ip6_plen;
    p_ip.nxt=ip->ip6_nxt;

    sum=checksum2((unsigned char *)&p_ip,sizeof(struct pseudo_ip6_hdr),
data,len);
    if(sum==0||sum==0xFFFF){
        return(1);
    }
    else{
        return(0);
    }
}
```

IPv6 の TCP、UDP、ICMP のチェックサムを計算する関数です。IPv6 用の疑似ヘッダに IPv6 ヘッダの情報を格納し、各データとあわせてチェックサムを計算し、ゼロになれば正しいということになります。

サンプルソースに含まれる関数のプロトタイプ宣言

● analyze.h

```
int AnalyzeArp(u_char *data,int size);
int AnalyzeIcmp(u_char *data,int size);
int AnalyzeIcmp6(u_char *data,int size);
int AnalyzeTcp(u_char *data,int size);
int AnalyzeUdp(u_char *data,int size);
int AnalyzeIp(u_char *data,int size);
int AnalyzeIpv6(u_char *data,int size);
int AnalyzePacket(u_char *data,int size);
```

analyze.c に含まれる関数のプロトタイプ宣言を記述しています。

● print.h

```
char *my_ether_ntoa_r(u_char *hwaddr,char *buf,socklen_t size);
char *arp_ip2str(u_int8_t *ip,char *buf,socklen_t size);
char *ip_ip2str(u_int32_t ip,char *buf,socklen_t size);
int PrintEtherHeader(struct ether_header *eh,FILE *fp);
int PrintArp(struct ether_arp *arp,FILE *fp);
int PrintIpHeader(struct iphdr *iphdr,u_char *option,int optionLen,FILE *fp);
int PrintIp6Header(struct ip6_hdr *ip6,FILE *fp);
int PrintIcmp(struct icmp *icmp,FILE *fp);
int PrintIcmp6(struct icmp6_hdr *icmp6,FILE *fp);
int PrintTcp(struct tcphdr *tcphdr,FILE *fp);
int PrintUdp(struct udphdr *udphdr,FILE *fp);
```

print.c に含まれる関数のプロトタイプ宣言を記述しています。

3-5 チェックサムをチェックする 〜サンプルソース 4 checksum.c

● checksum.h

```
u_int16_t checksum(u_char *data,int len);
u_int16_t checksum2(u_char *data1,int len1,u_char *data2,int len2);
int checkIPchecksum(struct iphdr *iphdr,u_char *option,int optionLen);
int checkIPDATAchecksum(struct iphdr *iphdr,unsigned char *data,int len);
int checkIP6DATAchecksum(struct ip6_hdr *ip,unsigned char *data,int len);
```

checksum.c に含まれる関数のプロトタイプ宣言を記述しています。

3-6 パケットキャプチャで解析を実行する

Makefile

このサンプルはソースファイルが 4 つありますので、毎回コマンドラインでコンパイルするのに必要な情報を指定するのは大変です。make コマンドを使いましょう。

Makefile にコンパイルに必要なルールを記述します。

● Makefile

```
OBJS=pcap.o analyze.o checksum.o print.o
SRCS=$(OBJS:%.o=%.c)
CFLAGS=-g -Wall
LDLIBS=
TARGET=pcap
$(TARGET):$(OBJS)
    $(CC) $(CFLAGS) $(LDFLAGS) -o $(TARGET) $(OBJS) $(LDLIBS)
```

前章同様の記述にしました。OBJS に複数のソースに対応した記述をすれば SRCS は自動的に増えます。

ビルド

make コマンドを実行します。

```
# make
cc -g -Wall   -c -o pcap.o pcap.c
cc -g -Wall   -c -o analyze.o analyze.c
cc -g -Wall   -c -o checksum.o checksum.c
cc -g -Wall   -c -o print.o print.c
cc -g -Wall   -o pcap pcap.o analyze.o checksum.o print.o
```

実行すると、pcap という実行ファイルが生成されます。

実行

引数を指定せずに実行ファイルを実行すると使い方が表示され、すぐに終了します。

```
# ./pcap
pcap device-name
```

引数にネットワークインターフェース名を指定すると、受信したパケットの内容を出力し続けます。リンクレイヤーのソケットを扱うために、スーパーユーザで実行する必要があります。

```
# ./pcap br0
Packet[42bytes]
ether_header--------------------------
ether_dhost=ff:ff:ff:ff:ff:ff
ether_shost=00:60:e0:4a:46:0b
ether_type=806(ARP)
arp-----------------------------------
arp_hrd=1(Ethernet 10/100Mbps.),arp_pro=2048(IP)
arp_hln=6,arp_pln=4,arp_op=1(ARP request.)
arp_sha=00:60:e0:4a:46:0b
arp_spa=172.32.0.1
arp_tha=00:00:00:00:00:00
arp_tpa=172.32.0.1
Packet[120bytes]
ether_header--------------------------
ether_dhost=00:60:e0:4a:46:0b
ether_shost=00:13:a9:fe:13:50
ether_type=800(IP)
ip------------------------------------
version=4,ihl=5,tos=0,tot_len=106,id=32111
frag_off=0,0,ttl=128,protocol=17(UDP),check=904e
saddr=172.32.0.222,daddr=192.168.0.221
udp-----------------------------------
source=50688,dest=161
```

```
Len=86,check=9c9f
Packet[42bytes]
ether_header---------------------------
ether_dhost=ff:ff:ff:ff:ff:ff
ether_shost=00:60:e0:4a:46:0b
ether_type=806(ARP)
```

"自力で"パケット解析の練習を!

　Ethernet、ARP、IP、IPv6、ICMP、ICMPv6、TCP、UDP に関してヘッダ部分を中心に解析を行ってみました。どれも標準で定義されている構造体にキャストして解析できるようになっています。チェックサムの計算も独特です。

　このパケットキャプチャをそのまま使用すると、おそらくあまりにも大量のパケットが表示されて読む気にもならないと思います。「目的のプロトコルのみ」あるいは「宛先のみ」などソースを変更して調べることもできますし、tcpdump などのように起動時の引数でフィルタを指定できるようにしても便利でしょう。

　もっとも、単にパケットダンプを使いたいだけであれば tcpdump を使えばよいわけで、ここでの目的は、自分でリンクレイヤーからのパケットを解析できるようになることです。

第4章

ブリッジを作ろう

4-1 ブリッジ作りでEthernetパケットの扱いに慣れる

　リンクレイヤーからパケットを受信できるようになるということは、ネットワークインターフェースに届くパケットを丸ごと扱えるということになります。そのパケットを別のインターフェースから送出すればブリッジを作れるわけです。

　ブリッジの仕組みは非常にシンプルです（図4-1）。

●図4-1　ブリッジの仕組み

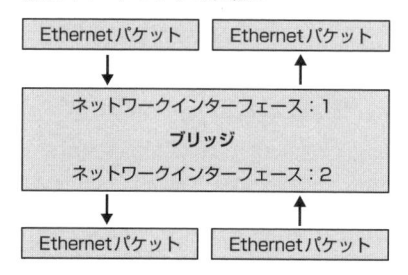

```
┌──────────────┐  ┌──────────────┐
│ Ethernetパケット │  │ Ethernetパケット │
└──────┬───────┘  └──────▲───────┘
       │                 │
┌──────▼─────────────────┴──────┐
│  ネットワークインターフェース：1   │
│           ブリッジ              │
│  ネットワークインターフェース：2   │
└──────┬─────────────────▲──────┘
       │                 │
┌──────▼───────┐  ┌──────┴───────┐
│ Ethernetパケット │  │ Ethernetパケット │
└──────────────┘  └──────────────┘
```

- ネットワークインターフェース：1から受信した全パケットを、ネットワークインターフェース：2に送信する
- ネットワークインターフェース：2から受信した全パケットをネットワークインターフェース：1に送信する

　これだけです。ネットワークインターフェースがさらにたくさんある場合は、MACアドレステーブルを用意して、宛先がつながっているネットワークインターフェースにのみパケットを送信するようにするとL2スイッチの動きになります。本書ではネットワークインターフェースは2個とし、単純に全パケットを他方に送出することにします。

4-1 ブリッジ作りでEthernetパケットの扱いに慣れる

　実は、ブリッジはLinuxのブリッジ機能を使えば簡単にできてしまいます。bridge-utilsパッケージを使い、brctlコマンドでブリッジを構成できます。MACアドレスによるスイッチングもしてくれますし、速度も自作するより基本的に高速です。

　本書では高機能なブリッジを作成するというよりは、Ethernetパケットの扱いに慣れるという位置づけです。ただ、ブリッジの応用例も作成後に紹介します。「こんなものを作って何がうれしいのか」ということは作ってから考えることにして、まずは作って動かしてみましょう。

環境

　ネットワークインターフェースが2つ必要です。一般的なPCにはネットワークインターフェースが1つしかついていないと思いますので、増設する必要があります。以前はPCIに増設する方法が主流でしたが、今ならUSBのネットワークインターフェースも安価に販売されています。また、とりあえず実験してみたいということであれば、ノートPCであれば有線と無線のインターフェースがあることが多く、それでも十分でしょう。

処理の流れ

　ブリッジの処理の流れは、リンクレイヤープログラミングの基本で紹介したサンプルと非常に似ています。ネットワークインターフェースが2つになり、受信したら他方から送信する、という処理になります（図4-2）。

第4章 ブリッジを作ろう

◉ 図 4-2　ブリッジの処理の流れ

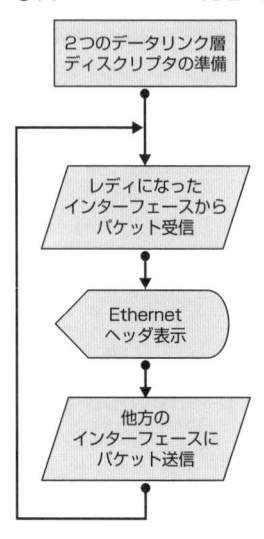

```
┌──────────────────┐
│ 2つのデータリンク層  │
│ ディスクリプタの準備 │
└──────────────────┘
         │
         ▼
┌──────────────────┐
│ レディになった      │
│ インターフェースから │
│ パケット受信        │
└──────────────────┘
         │
         ▼
┌──────────────────┐
│ Ethernet          │
│ ヘッダ表示         │
└──────────────────┘
         │
         ▼
┌──────────────────┐
│ 他方の            │
│ インターフェースに  │
│ パケット送信       │
└──────────────────┘
         │
         └──── (ループ)
```

関数の構成

関数の構成をまとめておきます。

```
main() <main.c>：メイン関数
    InitRawSocket() <netutil.c>：RAWソケット準備
    DisableIpForward() <main.c>：カーネルのIPパケット転送停止
    EndSignal() <main.c>：終了シグナルハンドラ
    Bridge() <main.c>：ブリッジ処理
    AnalyzePacket() <main.c>：パケット解析
        PrintEtherHeader() <netutil.c>：デバッグ用Ethernetヘッダ表示
        my_ether_ntoa_r() <netutil.c>：MACアドレスの文字列化
```

4-2 ブリッジのサンプルソースを見る

　ブリッジはリンクレイヤープログラミングの基本で紹介したソースをベースに作ることができますが、ネットワーク関連用の関数と、ブリッジの処理関連の関数でソースは分けました。

main.c

● main.c

```
#include    <stdio.h>
#include    <string.h>
#include    <unistd.h>
#include    <poll.h>
#include    <errno.h>
#include    <signal.h>
#include    <stdarg.h>
#include    <sys/socket.h>
#include    <arpa/inet.h>
#include    <netinet/if_ether.h>
#include    "netutil.h"
```

　netutil.h にネットワーク関連用の関数プロトタイプ宣言を記述します。

● main.c つづき

```
typedef struct {
    char    *Device1;
    char    *Device2;
    int     DebugOut;
}PARAM;
PARAM   Param={"eth0","eth1",0};
```

第 4 章　ブリッジを作ろう

　Param は動作パラメータを保持するための構造体です。このサンプルではシンプルにするため、起動時の引数や設定ファイルから動作パラメータを読み込む部分は作りません。環境に合わせて直接ここで値を指定してください。変更した場合はコンパイルし直す必要があります。

● main.c つづき

```c
typedef struct {
    int     soc;
}DEVICE;
DEVICE  Device[2];

int     EndFlag=0;
```

　Device は 2 つのネットワークインターフェースのソケットディスクリプタを保持する構造体です。単なる int 型の配列でも十分ですが、将来機能拡張の際にデバイスに関する保持情報を増やす際に便利なように、構造体にしておきました。EndFlag は終了シグナルの状態用グローバル変数です。

● main.c つづき

```c
int DebugPrintf(char *fmt,...)
{
    if(Param.DebugOut){
        va_list args;

        va_start(args,fmt);
        vfprintf(stderr,fmt,args);
        va_end(args);
    }

    return(0);
}

int DebugPerror(char *msg)
{
    if(Param.DebugOut){
        fprintf(stderr,"%s : %s\n",msg,strerror(errno));
```

```
    }

    return(0);
}
```

　デバッグ用の出力を、Param.DebugOut で ON/OFF するために、fprintf(stderr,...) と perror() のラッピング関数を用意します。単に ON/OFF するだけなら標準エラー出力を /dev/null にリダイレクトするなどの方法でも問題ないのですが、将来ログファイルに書き出すように変更したい場合でもこのように関数化しておくと簡単に変更できます。

◉ main.c つづき

```
int AnalyzePacket(int deviceNo,u_char *data,int size)
{
u_char  *ptr;
int     lest;
struct ether_header     *eh;

    ptr=data;
    lest=size;

    if(lest<sizeof(struct ether_header)){
        DebugPrintf("[%d]:lest(%d)<sizeof(struct ether_header)¥n",deviceNo,lest);
        return(-1);
    }
    eh=(struct ether_header *)ptr;
    ptr+=sizeof(struct ether_header);
    lest-=sizeof(struct ether_header);
    DebugPrintf("[%d]",deviceNo);
    if(Param.DebugOut){
        PrintEtherHeader(eh,stderr);
    }

    return(0);
}
```

第 4 章　ブリッジを作ろう

　動作が安定するまでのデバッグ用に、最低限 Ethernet ヘッダの解析関数を用意しておきます。

▶ main.c つづき

```c
int Bridge()
{
struct pollfd   targets[2];
int     nready,i,size;
u_char  buf[2048];

    targets[0].fd=Device[0].soc;
    targets[0].events=POLLIN|POLLERR;
    targets[1].fd=Device[1].soc;
    targets[1].events=POLLIN|POLLERR;

    while(EndFlag==0){
        switch(nready=poll(targets,2,100)){
            case    -1:
                if(errno!=EINTR){
                    perror("poll");
                }
                break;
            case    0:
                break;
            default:
                for(i=0;i<2;i++){
                    if(targets[i].revents&(POLLIN|POLLERR)){
                        if((size=read(Device[i].soc,buf,sizeof(buf)))<=0){
                            perror("read");
                        }
                        else{
                            if(AnalyzePacket(i,buf,size)!=-1){
                                if((size=write(Device[(!i)].soc,buf,size))<=0){
                                    perror("write");
                                }
                            }
                        }
                    }
                }
                break;
        }
```

```
        }

        return(0);
}
```

　ブリッジの処理です。パケットキャプチャと異なるのは、ディスクリプタを 2 つ扱うことと、受信したら違うネットワークインターフェースから書き出すようにしているだけです。たったこれだけでブリッジとしてパケットの中継ができるのです。

　グローバル変数の EndFlag が「1」になったら処理を終了するようにします。

● main.c つづき

```
int DisableIpForward()
{
FILE    *fp;

    if((fp=fopen("/proc/sys/net/ipv4/ip_forward","w"))==NULL){
        DebugPrintf("cannot write /proc/sys/net/ipv4/ip_forward\n");
        return(-1);
    }
    fputs("0",fp);
    fclose(fp);

    return(0);
}
```

　起動時に、カーネルの IP フォワードを止めるための関数です。/proc/sys/net/ipv4/ip_forward が「1」になっているとカーネルがインターフェース間のパケットを転送してしまいますので、ブリッジの動作と混ざって不安定になります。「0」にすればその機能を停止できます。

● main.c つづき

```
void EndSignal(int sig)
{
    EndFlag=1;
}
```

終了関連のシグナルハンドラです。グローバル変数の EndFlag を 1 にすると、Bridge() の処理ループを抜けるようにしてあります。

● main.c つづき

```
int main(int argc,char *argv[],char *envp[])
{
    if((Device[0].soc=InitRawSocket(Param.Device1,1,0))==-1){
        DebugPrintf("InitRawSocket:error:%s¥n",Param.Device1);
        return(-1);
    }
    DebugPrintf("%s OK¥n",Param.Device1);

    if((Device[1].soc=InitRawSocket(Param.Device2,1,0))==-1){
        DebugPrintf("InitRawSocket:error:%s¥n",Param.Device1);
        return(-1);
    }
    DebugPrintf("%s OK¥n",Param.Device2);
```

Param の Device1、Device2 に指定したデバイス名で、リンクレイヤーからパケットを受信できるソケットを 2 つ用意します。

● main.c つづき

```
    DisableIpForward();
```

カーネルのパケット転送機能を停止します。

● main.c つづき

```
    signal(SIGINT,EndSignal);
    signal(SIGTERM,EndSignal);
    signal(SIGQUIT,EndSignal);
```

```
    signal(SIGPIPE,SIG_IGN);
    signal(SIGTTIN,SIG_IGN);
    signal(SIGTTOU,SIG_IGN);
```

　終了関連のシグナルハンドラを EndSignal() に定義し、パイプ切断や TTY 読み書きのシグナルを無視するようにします。TTY 読み書きのシグナルは無視するようにしておかないと、ターミナルでプログラムを起動し、バックグラウンドにした後にターミナルを終了させた場合にシグナルを受信してプログラムが終了してしまうためです。

● main.c つづき

```
    DebugPrintf("bridge start¥n");
    Bridge();
    DebugPrintf("bridge end¥n");

    close(Device[0].soc);
    close(Device[1].soc);

    return(0);
}
```

　Bridge() を呼び出して、ブリッジ処理を開始します。終了関連のシグナルによりグローバル変数 EndFlag が「1」になると Bridge() の処理が終わりますので、ディスクリプタをクローズして終了します。

netutil.c

● netutil.c

```
#include    <stdio.h>
#include    <string.h>
#include    <unistd.h>
#include    <sys/ioctl.h>
#include    <arpa/inet.h>
#include    <sys/socket.h>
```

```c
#include    <linux/if.h>
#include    <net/ethernet.h>
#include    <netpacket/packet.h>
#include    <netinet/if_ether.h>

extern int      DebugPrintf(char *fmt,...);
extern int      DebugPerror(char *msg);


int InitRawSocket(char *device,int promiscFlag,int ipOnly)
{
struct ifreq    ifreq;
struct sockaddr_ll      sa;
int     soc;

    if(ipOnly){
        if((soc=socket(PF_PACKET,SOCK_RAW,htons(ETH_P_IP)))<0){
            DebugPerror("socket");
            return(-1);
        }
    }
    else{
        if((soc=socket(PF_PACKET,SOCK_RAW,htons(ETH_P_ALL)))<0){
            DebugPerror("socket");
            return(-1);
        }
    }

    memset(&ifreq,0,sizeof(struct ifreq));
    strncpy(ifreq.ifr_name,device,sizeof(ifreq.ifr_name)-1);
    if(ioctl(soc,SIOCGIFINDEX,&ifreq)<0){
        DebugPerror("ioctl");
        close(soc);
        return(-1);
    }
    sa.sll_family=PF_PACKET;
    if(ipOnly){
        sa.sll_protocol=htons(ETH_P_IP);
    }
    else{
        sa.sll_protocol=htons(ETH_P_ALL);
    }
```

```c
    sa.sll_ifindex=ifreq.ifr_ifindex;
    if(bind(soc,(struct sockaddr *)&sa,sizeof(sa))<0){
        DebugPerror("bind");
        close(soc);
        return(-1);
    }

    if(promiscFlag){
        if(ioctl(soc,SIOCGIFFLAGS,&ifreq)<0){
            DebugPerror("ioctl");
            close(soc);
            return(-1);
        }
        ifreq.ifr_flags=ifreq.ifr_flags|IFF_PROMISC;
        if(ioctl(soc,SIOCSIFFLAGS,&ifreq)<0){
            DebugPerror("ioctl");
            close(soc);
            return(-1);
        }
    }

    return(soc);
}

char *my_ether_ntoa_r(u_char *hwaddr,char *buf,socklen_t size)
{
    snprintf(buf,size,"%02x:%02x:%02x:%02x:%02x:%02x",
        hwaddr[0],hwaddr[1],hwaddr[2],hwaddr[3],hwaddr[4],hwaddr[5]);

    return(buf);
}

int PrintEtherHeader(struct ether_header *eh,FILE *fp)
{
char    buf[80];

    fprintf(fp,"ether_header--------------------------\n");
    fprintf(fp,"ether_dhost=%s\n",my_ether_ntoa_r(eh->ether_dhost,
buf,sizeof(buf)));
    fprintf(fp,"ether_shost=%s\n",my_ether_ntoa_r(eh->ether_shost,
buf,sizeof(buf)));
    fprintf(fp,"ether_type=%02X",ntohs(eh->ether_type));
```

```
    switch(ntohs(eh->ether_type)){
        case    ETH_P_IP:
            fprintf(fp,"(IP)\n");
            break;
        case    ETH_P_IPV6:
            fprintf(fp,"(IPv6)\n");
            break;
        case    ETH_P_ARP:
            fprintf(fp,"(ARP)\n");
            break;
        default:
            fprintf(fp,"(unknown)\n");
            break;
    }

    return(0);
}
```

　リンクレイヤープログラミングの基本で紹介した、ネットワーク関連用の関数を記述します。標準エラー出力に出力していた内容をデバッグ出力関数の DebugPrintf()、DebugPerror() で出力するようにした点以外は同じ内容です。

● netutil.h

```
char *my_ether_ntoa_r(u_char *hwaddr,char *buf,socklen_t size);
int PrintEtherHeader(struct ether_header *eh,FILE *fp);
int InitRawSocket(char *device,int promiscFlag,int ipOnly);
```

4-3 作成したブリッジを実行する

Makefile

netutil.c に記述した関数のプロトタイプ宣言を記述します。main.c でインクルードしてください。

main.c と netutil.c をビルドするように Makefile を記述します。

● Makefile

```
OBJS=main.o netutil.o
SRCS=$(OBJS:%.o=%.c)
CFLAGS=-g -Wall
LDLIBS=
TARGET=bridge
$(TARGET):$(OBJS)
    $(CC) $(CFLAGS) $(LDFLAGS) -o $(TARGET) $(OBJS) $(LDLIBS)
```

ビルド

make コマンドでビルドします。

```
# make
cc -g -Wall   -c -o main.o main.c
cc -g -Wall   -c -o netutil.o netutil.c
cc -g -Wall   -o bridge main.o netutil.o
```

実行すると、bridge という実行ファイルが生成されます。

実行

スーパーユーザで実行します。Param.DebugOut を「0」にしていると何も表示されませんが、「1」にすると大量にパケットの情報が表示されます。

```
# ./bridge
eth0 OK
eth3 OK
bridge start
[1]ether_header----------------------------
ether_dhost=00:1e:c2:b8:90:58
ether_shost=00:60:e0:4a:46:0e
ether_type=800(IP)
[1]ether_header----------------------------
ether_dhost=00:1e:c2:b8:90:58
ether_shost=00:60:e0:4a:46:0e
ether_type=800(IP)
[1]ether_header----------------------------
ether_dhost=00:1e:c2:b8:90:58
ether_shost=00:60:e0:4a:46:0e
ether_type=800(IP)
・・・
```

2つのネットワークインターフェースの片側に PC を、もう片側を HUB に接続すれば、PC でネットワークがいつも通りに使える状態になるはずです。bridge を止めれば PC のネットワークも不通になることで、bridge がパケットを中継しているのを実感できると思います。

スイッチング HUB 化するには

このサンプルではネットワークインターフェースが2つしかないので、単純に受信したインターフェースと違うインターフェースに送信していますが、ネットワークインターフェースが3つ以上になるときにはやはりスイッチングをしたくなるでしょう。スイッチング化へのヒントを説明しておきましょう。

4-3 作成したブリッジを実行する

ブリッジではレイヤー 2、つまり Ethernet のレベルで宛先を制御しますので、キーになるのは MAC アドレスです。パケットを受信したときに以下の情報を MAC アドレステーブルに記憶しておきます。

どのネットワークインターフェースから受信したか
＋送信元の MAC アドレス

　パケットを転送する際には、まずこの MAC アドレステーブルを探します。そして見つかった場合は、そのネットワークインターフェースにのみパケットを送出すれば良いのです。宛先がブロードキャストの場合には、全ネットワークインターフェースに送出します。
　1 パケット処理する度に MAC アドレステーブルを検索するので、検索は高速でなければなりません。ハッシュテーブルなどが良さそうです。
　MAC アドレスの数は、一般的に考えればそれほど増えるとは思えませんが、最近は仮想マシンを使うことも増えましたので、ある程度は記憶しておけるようにする必要があるでしょう。一般的なスイッチング HUB では、MAC アドレステーブルに 4096 個記憶できるようになっているものが多いようです。
　この仕組みを応用すると、ループの検出もできます。パケットを受信したときに送信元 MAC アドレスを MAC アドレステーブルに格納しますが、すでに他のネットワークインターフェースで登録されている場合はループが存在する可能性があります。「あるクライアントからのパケットが複数のネットワークインターフェースから届く」ということは通常はありえません。
　他にも、ミラーポートの機能を追加したり、あるいはポート VLAN やタグ VLAN 対応など、いろいろな機能を盛り込んでみると楽しめるでしょう。

第 4 章　ブリッジを作ろう

意外と広いブリッジの応用範囲

　単なるブリッジなら、安価なスイッチング HUB で十分ですし、Linux の標準機能を使っても実現可能です。「何のためにわざわざソフトウェアでブリッジを作るのか」と思うかもしれませんが、自分でパケットの流れをコントロールできることに意義があるのです。

　私が最初にブリッジを作ろうと考えたきっかけは、VPN（Virtual Private Network）を作りたいと思ったときでした。当時はまだ VPN 対応ルーターが高価で、VPN サービスも普及していなかったために自作したのでした。あるネットワークインターフェースに届くパケットを、暗号化してインターネットを経由した別のホストに送り、そのホストのネットワークインターフェースから送出するのです。同様に逆方向も行えば、遠隔地で同一セグメントの通信ができるようになります。

　次にブリッジを応用したのが、回線遅延シミュレータです。パケットを中継する間に、わざと遅らせたり、捨てたりすることで、回線遅延、パケットロス、帯域制限をシミュレートすることができるのです。これは製品化して今も人気の製品となっています。

　さらに、ブリッジでメールの宛先監視システムも作成しましたし、ブリッジタイプのパケットキャプチャを作成することにより非力なホストでもキャプチャ漏れがないパケットキャプチャを実現したりしました。このような感じで、パケットを中継しながらコントロールすることにより実現できることは結構いろいろと考えられるのです。

> **Column**
>
> ### ネットワークシステムをリリースする時の緊張
>
> 　どんなシステムでも、本番環境へリリースする時は緊張するものです。業務に使われるシステムであれば、何か問題があれば事業に損害を与えてしまう可能性もあります。そのため、リリース前に何段階ものテストを繰り返し、さらにリリース手順も綿密に計画を立て、万が一リリースがうまく行かなかった場合に備えて切り戻し手順までしっかりと検討した上で、リリースを行います。リリース直前には、胃が痛くなったり、情緒不安定になったり、それこそ食事も喉に通らなくなるエンジニアもいるでしょう。
>
> 　様々なシステムの中でも、ネットワークシステムのリリースはかなり難易度が高いものの1つでしょう。その理由として、事前のテストで本番環境を再現するのが難しい点が挙げられます。インターネットに対するサービスを行うシステムでは、世界中の様々な機器からのパケットが飛び交います。パケットの内容に癖があったり、あるいはパケットの流れ方に偏りがあったりするのを、テスト環境で再現するのはとても難しいのです。
>
> 　ネットワークシステムのテストでは一般的に、ロジック的なテストの他に、負荷テストを行います。本番を想定した高負荷状態を、シミュレータを使って擬似的に作り出して、システムの挙動を観察するのです。
>
> 　ところが、最近のインターネットは回線のスループットも高くなり、機器の性能も上がったことから、1ホストでシミュレータを動かしても、本番並みの負荷を作り出すことが難しくなってきています。それにもかかわらず、最近の開発は短納期・低コストになってきているので、十分なテスト環境を準備することも、シミュレータを準備することもなかなかできないことが多い感じです。
>
> 　テスト不十分、あるいは準備不十分で本番リリースを迎えると、大抵、想定外の問題が発生し、リリース現場は修羅場となります。
>
> 「元の状態に切り戻す」
> 「切り戻すとしても、後で検討できるようなデータは取得しておきたい」
> 「多少の調整で何とかなるなら、現場で何とか切り抜けたい」
>
> など、様々な駆け引きの中、判断を迫られます。多くの場合、開発側と

運用側の対立になります。開発側としては「なんとしても新しいものを動かしたい」と考えるのですが、運用側は「リスクを避けたい」と考えます。

　修羅場を終えると、成功した場合はホッとひと息ですが、失敗した場合はすぐに対策会議、再リリースの検討と、休む暇もありません。インターネットのシステムのリリースは大抵、問題が発生しても影響が少ない真夜中に行います。そのため、徹夜してがんばり、さらにそのまま対策会議、ということも少なくありません。運用側から厳しく原因を追及され、準備不足やミスに対して叱責されます。それでも、新しいニーズに応えるために、何とかリリースしたいとがんばるのが開発側です。
「そんな修羅場は経験したくない」と考える人も多いかもしれませんが、悪いことばかりではありません。修羅場を共にしたメンバーとは、同じ苦しみを共に切り抜けた仲間として、深い関係が長く続くことが多いものです。どんなに苦しくても投げ出さずに何とか切り抜けた信頼関係は、他では得難いほどのものになるのです。

　十分な準備は大切ですが、失敗を恐れていては、新しいことができません。技術者ならプレッシャーを楽しむくらいの気持ちで取り組みたいものです。

第5章

ルーターを作ろう

第 5 章 ルーターを作ろう

5-1 ルーターの仕組みを知る

ブリッジを作ることができたので、次はルーターに挑戦しましょう。

ルーターはネットワークインターフェースの両側でネットワークセグメントが異なります。ブリッジのように単純に受信したパケットを他方のネットワークインターフェースに送出してもうまくいきません。パケットの内容を書き換えたり、ARP で宛先を調べるなど、ブリッジに比べ数段難しくなります。

ただ、その分ネットワークの仕組みを幅広く理解できます。サンプルソースの規模も大きくなりますが、がんばって理解しましょう。

▶ 図 5-1　ルータの仕組み

```
┌─────────┐       ┌─────────┐
│ IPパケット │       │ IPパケット │
└─────────┘       └─────────┘
     │                 ↑
     ↓                 │
┌─────────────────────────────┐
│  ネットワークインターフェース：1  │
│           ルーター            │
│  ネットワークインターフェース：2  │
└─────────────────────────────┘
     │                 ↑
     ↓                 │
┌─────────┐       ┌─────────┐
│ IPパケット │       │ IPパケット │
└─────────┘       └─────────┘
```

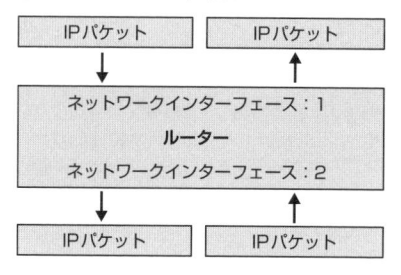

図 5-1 を見るとルーターは単に Ethernet パケットが IP パケットに変わっただけのように見えますが、実際はブリッジに比べて処理が非常に増えます。

パケットの加工

▶図5-2　ルータではパケットの送信時にMACアドレスの書き換えが必要になる

Ethernetパケット	
0	1
送信先MACアドレス 6バイト	ルーター到着時には、ルーターのネットワークインターフェースのMACアドレスになっている。 ターゲットホストのMACアドレスに書き換える。
送信元MACアドレス 6バイト	ルーター到着時には、送信元ホストのMACアドレスになっている。 ルーターの送信側ネットワークインターフェースのMACアドレスに書き換える。
タイプ	
データ 46〜1500バイト	IPヘッダのTTLを1減らす。 ゼロになったらパケットを破棄し、ICMP Time Exceededを送信元に応答する。

　送出時にEthernetパケットの送信元MACアドレスと送信先MACアドレスの書き換えが必要です。また、IPパケットのTTLをデクリメントし、ゼロになった場合はパケットを破棄し、ICMP Time Exceededを送信元に通知しなければなりません。IPパケットを書き換えると、IPヘッダのチェックサムの再計算も必要です（図5-2）。

送信先の判定

　送信先IPアドレスが送出側ネットワークインターフェースのセグメントであれば、直接送信先にパケットを届けることができます。そうでない場合は、次のルーターに転送を依頼することになります。

送信先MACアドレスの調査

　送信先がターゲットホストの場合も次のルーターの場合でも、送信先のMACアドレスを調べる必要があります。MACアドレスは毎回ARPで調査していると時間がかかるので、一度調べたものは自身でキャッシュし、一定時間ごとにキャッシュをクリアして更新する必要があります。

第5章 ルーターを作ろう

　ブリッジ同様に、ルーターの機能も Linux では簡単に実現できます。/proc/sys/net/ipv4/ip_forward を 1 にすればルーターとして使えるようになります。性能も機能も本書で紹介するものより高いものが実現できます。

　本書では高性能なルーターを作成するのではなく、ルーターがどのようにパケットを転送するのかを理解することを目的としていますが、応用例も作成後に紹介します。

＊＊＊

　ではルーターが行う処理について見ていきましょう。

MAC アドレスの書き換え

　前述したように、送出時に Ethernet パケットの送信元 MAC アドレスと送信先 MAC アドレスの書き換えが必要です。下の図 5-3 を見ながら、もう一度、その仕組みを確認しておいてください。

▶ 図 5-3　送信元および送信先の MAC アドレス書き換えの流れ

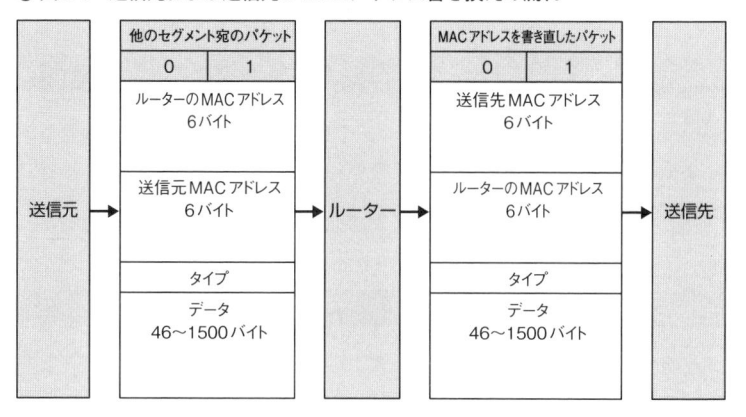

送信元 → [他のセグメント宛のパケット: ルーターのMACアドレス 6バイト / 送信元MACアドレス 6バイト / タイプ / データ 46～1500バイト] → ルーター → [MACアドレスを書き直したパケット: 送信先MACアドレス 6バイト / ルーターのMACアドレス 6バイト / タイプ / データ 46～1500バイト] → 送信先

送信先の判定

　送信先 IP アドレスが送出側ネットワークインターフェースのセグメントであれば、直接送信先にパケットを届けることができます。そうでない場合は、次のルーターに転送を依頼することになります（図 5-4）。

　なお、このサンプルでは理解しやすくするために、上位ルーターは 1 つのみ指定できるようにしてあります。基本的には eth0 側にクライアントを、eth1 側にインターネットに通じる環境を、という接続で実験することを想定しています。

▶図 5-4　送信先 IP アドレスがルータと同一セグメントにあれば、パケットは直接配送され、同一セグメントにない場合は別のルータに転送される

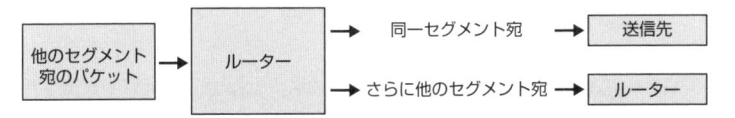

```
┌──────────┐      ┌──────┐ ─→ 同一セグメント宛 ─→ ┌──────┐
│他のセグメント│ ─→  │ルーター│                      │送信先│
│ 宛のパケット │      │      │                      └──────┘
└──────────┘      │      │ ─→ さらに他のセグメント宛 ─→ ┌──────┐
                  └──────┘                          │ルーター│
                                                    └──────┘
```

送信先 MAC アドレスの調査

　送信先がターゲットホストの場合も次のルーターの場合でも、MAC アドレスを調べる必要があります。MAC アドレスは毎回 ARP で調査していると時間がかかるので、一度調べたものは自身でキャッシュし、一定時間ごとにキャッシュをクリアして更新する必要があります。

　なお、ARP での調査が終わるまで他の処理を止めてしまうと、宛先が存在しない場合などにタイムアウトするまでいっさい通信が通らなくなってしまいます。ARP テーブルにない場合は、ARP リクエストを投げると同時に、送信待ちバッファに送信データを格納し、ARP レスポンスが得られしだい、順に送信するようにします（図 5-5）。

　ARP 調査は、ioctl() で SIOCGARP を指定して、カーネルの ARP テーブルから取得することもできますが、ARP テーブルに存在しない場合にすぐに調べてくれないなど実際に使う際に不具合が生じます。そのため、プログラム自身で ARP テーブルを持ち、自分で調べるようにしました。

▶図5-5 一度調べたMACアドレスはARPテーブルにキャッシュされる。ARPテーブルにない場合は送信先のルータにARPリクエストを投げてレスポンスを待つ

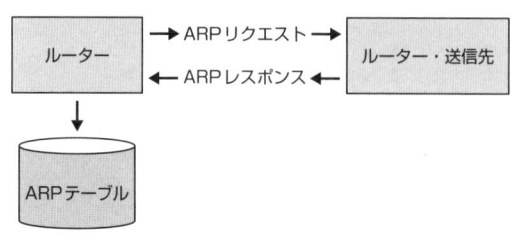

環境

ブリッジと同様に、ネットワークインターフェースが2つ必要です。

処理の流れ

処理の流れはブリッジとは比較にならないくらい複雑ですが、ARPによるMACアドレスの解決がなければ実はほとんど同じなのです。MACアドレス解決をする間にバッファリングが必要なために、処理が複雑になっています（図5-6）。

5-1 ルーターの仕組みを知る

● 図 5-6　ルータの処理の流れ

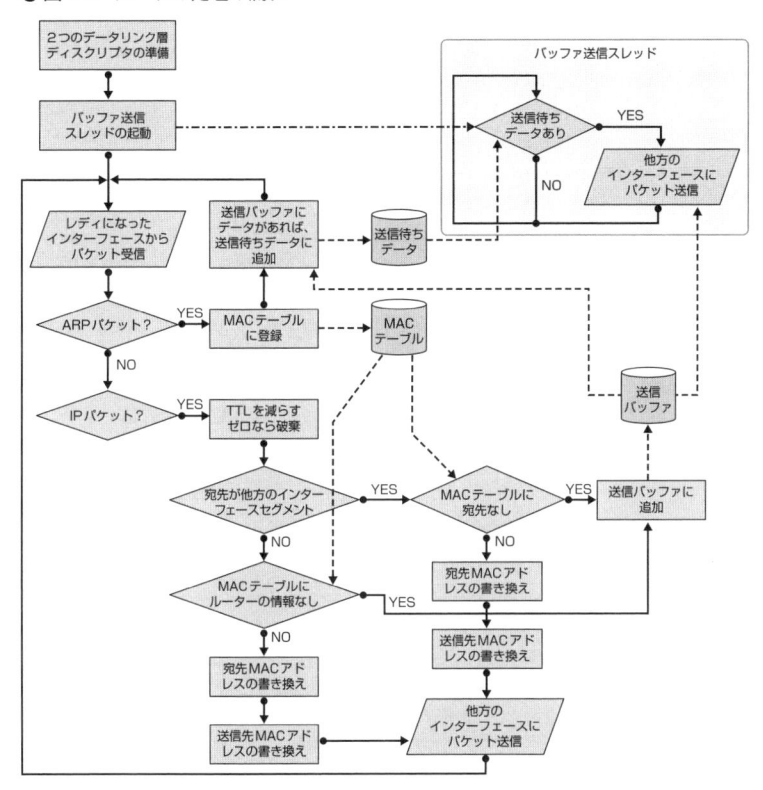

関数の構成

関数の構成をまとめておきます。

```
main() <main.c>：メイン関数
    my_inet_ntoa_r() <netutil.c>：IPアドレスの文字列化
    GetDeviceInfo() <netutil.c>：ネットワークインターフェース情報の取得
    InitRawSocket() <netutil.c>：RAWソケット準備
    DisableIpForward() <main.c>：カーネルのIPパケット転送停止
    BufThread() <main.c>：バッファ送信スレッド
        BufferSend() <ip2mac.c>：バッファ送信
            GetSendReqData() <ip2mac.c>：送信待ちデータの取得
            BufferSendOne() <ip2mac.c>：バッファデータ送信
```

```
                    GetSendData() <sendBuf.c>：送信データの取得
                        in_addr_t2str() <netutil.c>：in_addr_tの文字列化
                    checksum2() <netutil.c>：2データ用チェックサム計算
    EndSignal() <main.c>：終了シグナルハンドラ
    Router() <main.c>：ルーター処理
        AnalyzePacket() <main.c>：パケット解析
            my_ether_ntoa_r() <netutil.c>：MACアドレスの文字列化
            Ip2Mac() <ip2mac.c>：IPアドレスからMACアドレスを取得・登録
                Ip2MacSearch() <ip2mac.c>：IP2MACデータの検索
                    AppendSendReqData() <ip2mac.c>：送信待ちデータに追加
                        FreeSendData() <sendBuf.c>：送信待ちデータの解放
                            in_addr_t2str() <netutil.c>：in_addr_tの文字列化
                        in_addr_t2str() <netutil.c>：in_addr_tの文字列化
                    in_addr_t2str() <netutil.c>：in_addr_tの文字列化
                    SendArpRequestB() <netutil.c>：ARPリクエストの送信
            checkIPchecksum() <netutil.c>：IPデータチェックサム確認
                checksum() <netutil.c>：チェックサム計算
                checksum2() <netutil.c>：2データ用チェックサム計算
            SendIcmpTimeExceeded() <main.c>：ICMP Time Exceededの送信
                checksum() <netutil.c>：チェックサム計算
                checksum2() <netutil.c>：2データ用チェックサム計算
            in_addr_t2str() <netutil.c>：in_addr_tの文字列化
            AppendSendData() <sendBuf.c>：送信データに追加
                in_addr_t2str() <netutil.c>：in_addr_tの文字列化
                checksum2() <netutil.c>：2データ用チェックサム計算
```

MACテーブル／送信バッファ／送信待ちデータ

ブリッジでは受信したデータをすぐに送出できたのですが、ルーターの場合は宛先の MAC アドレスを調べる必要があります。受信処理をブロックしないために、送信待ちデータを送信するためのスレッドを使い、並列処理するようにしてあります。

```
- MACテーブル兼送信バッファ
    - Ip2Macs[2]・・・デバイスごとのMACテーブル兼送信バッファ
        - IP2MAC *data・・・対象IPアドレスごとのデータ
            - int
                flag・・・FLAG_FREE：空き、FLAG_OK：hwaddr有りデータ、
                         FLAG_NG：hwaddrなしデータ
```

```
                    - int deviceNo・・・デバイス番号
                    - in_addr_t addr・・・対象IPアドレス
                    - unsigned char hwaddr[6]・・・対象MACアドレス
                    - time_t lastTime・・・最終更新日時
                    - SEND_DATA sd・・・送信バッファ
                        - DATA_BUF *top・・・送信バッファ先頭ポインタ
                        - DATA_BUF *bottom・・・送信バッファ末尾ポインタ
                            - struct _data_buf_ *next・・・前のデータ
                            - struct _data_buf_ *before・・・次のデータ
                            - time_t t・・・格納日時
                            - int size・・・データサイズ
                            - unsigned char *data・・・データ
                        - unsigned long dno・・・送信バッファ数
                        - unsigned long inBucketSize・・・送信バッファ総サイズ
                        - pthread_mutex_t mutex・・・排他用ミューテックス
            - int size・・・領域確保済みデータ数
            - int no・・・データ数
        - AppendSendData()
            - Ip2Macs[デバイス番号].data[対象IPアドレスのデータ].sdにデータを
              追加
        - Ip2Mac()
            - Ip2MacSearch()でIp2Macs[デバイス番号].dataから対象のIPアドレスの
              データを検索
                - hwaddrがある場合はセット
                    - Ip2Macs[デバイス番号].data[対象IPアドレスのデータ].sdに
                      データが存在する場合
                        - AppendSendReqData()で送信待ちデータを追加
            - hwaddrがセットされていない場合はARPリクエストを送信
- 送信待ちデータ
    - SendReq・・・送信待ちデータ
        - SEND_REQ_DATA *top・・・送信待ちデータ先頭ポインタ
        - SEND_REQ_DATA *bottom・・・送信待ちデータ末尾ポインタ
            - struct _send_req_data_ *next・・・前のデータ
            - struct _send_req_data *before・・・次のデータ
            - int deviceNo・・・デバイス番号
            - int ip2macNo・・・データ番号：Ip2Macs[デバイス番号].
data[ip2macNo]
        - pthread_mutex_t mutex・・・排他用ミューテックス
        - pthread_cond_t cond・・・条件変数
    - AppendSendReqData()
        - SendReqにip2macNoが一致するデータを検索：あれば何もしない
        - なければSendReqにデータを追加
```

          - pthread_cond_signal()でBufferSend()実行中のスレッドに送信待
            ちデータが増えたことを通知
    - BufferSend()
        - pthread_cond_timedwait()で送信待ちデータの変化を待つ
        - GetSendReqData()でSendReqにデータがある限り、BufferSendOne()で送
          信データを送出する

処理の流れを図に示すと図 5-7 のようになります。

● 図 5-7　送信待ちデータと送信バッファ

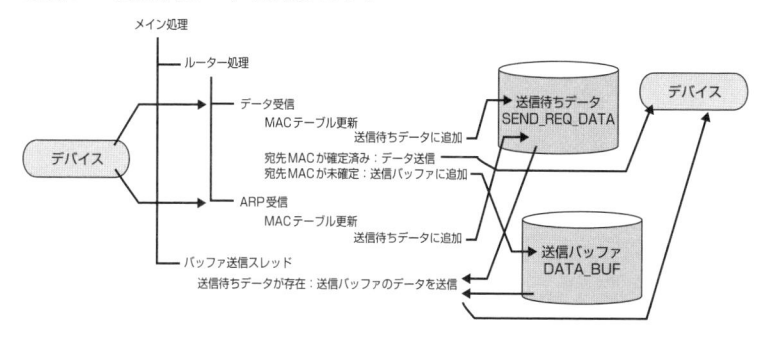

宛先の MAC アドレスが確定している場合は受信したデータをすぐに送出しますが、確定していない場合は送信バッファに格納します。そしてARP での解決が完了した際に、送信待ちデータに追加して、バッファ送信スレッドが送出します。

5-2 ARPと送信待ちデータ関連のソースを追加する 〜サンプルソース1 base.h

ルーターのソースは、ブリッジのソースをベースに拡張していく感じで作ることができます。ARP関連と送信待ちデータ関連のソースが追加になります。

ネットワークインタフェースの情報

● base.h

```
typedef struct {
    int     soc;
    u_char  hwaddr[6];
    struct in_addr   addr,subnet,netmask;
}DEVICE;
```

ネットワークインターフェースの情報（MACアドレス、サブネット、ネットマスク）を保持するための構造体です。

ルーターの振る舞い

● base.h つづき

```
#define FLAG_FREE      0
#define FLAG_OK 1
#define FLAG_NG -1

typedef struct _data_buf_{
    struct _data_buf_    *next;
    struct _data_buf_    *before;
    time_t t;
    int    size;
```

```
        unsigned char   *data;
}DATA_BUF;

typedef struct {
    DATA_BUF    *top;
    DATA_BUF    *bottom;
    unsigned long   dno;
    unsigned long   inBucketSize;
    pthread_mutex_t mutex;
}SEND_DATA;

typedef struct {
    int         flag;
    int         deviceNo;
    in_addr_t   addr;
    unsigned char   hwaddr[6];
    time_t      lastTime;
    SEND_DATA   sd;
}IP2MAC;
```

　IP2MACは、IPアドレスとMACアドレスの関係づけのための構造体です。IPアドレスからMACアドレスを調べるには、ARPを使う必要があります。ターゲットが存在する場合はARPリクエストを送信してからすぐにARPレスポンスが返ってきますが、存在しない場合は一定時間待ってタイムアウトする必要があります。

　待っている間に他の処理を止めてしまうのはルーターとして良い動きではありません。そのためMACアドレスが不明な時点では送信待ちデータとしてバッファに格納し、ARPレスポンスが来た際に順に送信するようにします。

　タイムアウトしたら送信待ちデータも破棄します。送信待ちデータを保持するための構造体がSEND_DATAです。双方向リストのDATA_BUF構造体をデータ格納用に使います。

5-3 ルーターのメイン処理を記述する ～サンプルソース2 main.c

続いて、本体となる main.c を見ていきましょう。

ヘッダファイルのインクルード

◯ main.c

```
#include    <stdio.h>
#include    <string.h>
#include    <unistd.h>
#include    <poll.h>
#include    <errno.h>
#include    <signal.h>
#include    <stdarg.h>
#include    <sys/socket.h>
#include    <arpa/inet.h>
#include    <netinet/if_ether.h>
#include    <netinet/ip.h>
#include    <netinet/ip_icmp.h>
#include    <pthread.h>
#include    "netutil.h"
#include    "base.h"
#include    "ip2mac.h"
#include    "sendBuf.h"
```

netutil.h、ip2mac.h、sendBuf.h にはそれぞれ以下を記述します。

- ・netutil.h → ネットワーク関連用関数プロトタイプ
- ・ip2mac.h → IP アドレスと MAC アドレスの関連づけ関連の関数プロトタイプ
- ・sendBuf.h → 送信待ちデータ関連の関数プロトタイプ

動作パラメータを保持する

● main.c つづき

```
typedef struct {
    char    *Device1;
    char    *Device2;
    int     DebugOut;
    char    *NextRouter;
}PARAM;
PARAM   Param={"eth1","eth2",0,"192.168.0.254"};
```

Param は動作パラメータを保持するための構造体です。ブリッジ同様、サンプルをシンプルにするために、設定ファイルや起動時の引数からは設定できないようになっています。ブリッジと異なるのは、上位ルーターが追加されていることです。

変数の定義

● main.c つづき

```
struct in_addr  NextRouter;

DEVICE  Device[2];

int     EndFlag=0;
```

ここでは以下の3つを定義しています。

- 上位ルーターの IP アドレスを保持する変数 NextRouter
- 2つのネットワークインターフェースのソケットディスクリプタを保持する構造体 Device
- 終了シグナルの状態用のグローバル変数 EndFlag

デバッグ用出力の ON/OFF

● main.c つづき

```
int DebugPrintf(char *fmt,...)
{
    if(Param.DebugOut){
        va_list args;

        va_start(args,fmt);
        vfprintf(stderr,fmt,args);
        va_end(args);
    }

    return(0);
}

int DebugPerror(char *msg)
{
    if(Param.DebugOut){
        fprintf(stderr,"%s : %s¥n",msg,strerror(errno));
    }

    return(0);
}
```

　ブリッジと同様ですが、デバッグ用の出力を、Param.DebugOut で ON/OFF するために、fprintf(stderr,...) と perror() のラッピング関数を用意します。単に ON/OFF するだけなら標準エラー出力を /dev/null にリダイレクトするなどの方法でも問題ありません。しかし、ログファイルに書き出すように変更したい場合でも、このように関数化しておくと簡単に変更できます。

パケットの送受信と内容のチェック

● main.c つづき

```
int SendIcmpTimeExceeded(int deviceNo,struct ether_header *eh,struct iphdr
*iphdr,u_char *data,int size)
```

```
{
    struct ether_header    reh;
    struct iphdr    rih;
    struct icmp     icmp;
    u_char  *ipptr;
    u_char  *ptr,buf[1500];
    int     len;

        memcpy(reh.ether_dhost,eh->ether_shost,6);
        memcpy(reh.ether_shost,Device[deviceNo].hwaddr,6);
        reh.ether_type=htons(ETHERTYPE_IP);

        rih.version=4;
        rih.ihl=20/4;
        rih.tos=0;
        rih.tot_len=htons(sizeof(struct icmp)+64);
        rih.id=0;
        rih.frag_off=0;
        rih.ttl=64;
        rih.protocol=IPPROTO_ICMP;
        rih.check=0;
        rih.saddr=Device[deviceNo].addr.s_addr;
        rih.daddr=iphdr->saddr;

        rih.check=checksum((u_char *)&rih,sizeof(struct iphdr));

        icmp.icmp_type=ICMP_TIME_EXCEEDED;
        icmp.icmp_code=ICMP_TIMXCEED_INTRANS;
        icmp.icmp_cksum=0;
        icmp.icmp_void=0;

        ipptr=data+sizeof(struct ether_header);

        icmp.icmp_cksum=checksum2((u_char *)&icmp,8,ipptr,64);

        ptr=buf;
        memcpy(ptr,&reh,sizeof(struct ether_header));
        ptr+=sizeof(struct ether_header);
        memcpy(ptr,&rih,sizeof(struct iphdr));
        ptr+=sizeof(struct iphdr);
        memcpy(ptr,&icmp,8);
        ptr+=8;
```

```
    memcpy(ptr,ipptr,64);
    ptr+=64;
    len=ptr-buf;

    DebugPrintf("write:SendIcmpTimeExceeded:[%d] %dbytes\n",deviceNo,len);
    write(Device[deviceNo].soc,buf,len);

    return(0);
}
```

ICMP Time Exceeded を送信するための関数です。ICMP パケットは IP パケットなので、本来はリンクレイヤーで送出する必要はなく、RAW ソケットで十分です。しかし、ルータープログラムでは元々リンクレイヤーで送受信していますので、リンクレイヤーのディスクリプタをそのまま使って送信するようにしてみました。Ethernet ヘッダ、IP ヘッダ、ICMP データをすべて自作し、チェックサムの計算も行って、全部を結合して送信します。

● main.c つづき

```
int AnalyzePacket(int deviceNo,u_char *data,int size)
{
u_char *ptr;
int    lest;
struct ether_header  *eh;
char   buf[80];
int    tno;
u_char hwaddr[6];

    ptr=data;
    lest=size;

    if(lest<sizeof(struct ether_header)){
        DebugPrintf("[%d]:lest(%d)<sizeof(struct ether_header)\n",deviceNo,lest);
        return(-1);
    }
    eh=(struct ether_header *)ptr;
    ptr+=sizeof(struct ether_header);
```

```
	lest-=sizeof(struct ether_header);

	if(memcmp(&eh->ether_dhost,Device[deviceNo].hwaddr,6)!=0){
		DebugPrintf("[%d]:dhost not match %s\n",deviceNo,my_ether_ntoa_r
((u_char *)&eh->ether_dhost,buf,sizeof(buf)));
		return(-1);
	}
```

ブリッジと大きく異なる部分です。ブリッジでは受信したパケットは全て別のネットワークインターフェースからそのまま送出していましたが、ルーターではパケットの中身を見なければなりません。エラーチェックも必要になります。

まずは Ethernet ヘッダのサイズより大きいことと、宛先 MAC アドレスが受信したネットワークインターフェースの MAC アドレスと一致していることを確認します。

ルーターの場合、転送すべきパケットの MAC アドレスは自分宛のものだけです。ブロードキャストは転送する必要はありません。

▶ main.c つづき

```
	if(ntohs(eh->ether_type)==ETHERTYPE_ARP){
		struct ether_arp	*arp;

		if(lest<sizeof(struct ether_arp)){
			DebugPrintf("[%d]:lest(%d)<sizeof(struct ether_arp)\n",
deviceNo,lest);
			return(-1);
		}
		arp=(struct ether_arp *)ptr;
		ptr+=sizeof(struct ether_arp);
		lest-=sizeof(struct ether_arp);

		if(arp->arp_op==htons(ARPOP_REQUEST)){
			DebugPrintf("[%d]recv:ARP REQUEST:%dbytes\n",deviceNo,size);
			Ip2Mac(deviceNo,*(in_addr_t *)arp->arp_spa,arp->arp_sha);
		}
		if(arp->arp_op==htons(ARPOP_REPLY)){
			DebugPrintf("[%d]recv:ARP REPLY:%dbytes\n",deviceNo,size);
```

5-3 ルーターのメイン処理を記述する 〜サンプルソース 2 main.c

```
            Ip2Mac(deviceNo,*(in_addr_t *)arp->arp_spa,arp->arp_sha);
        }
    }
```

　Ethernet ヘッダのタイプが ARP の場合は、ARP テーブルに格納する処理を Ip2Mac() で行います。詳細は関数のところで記述しますが、ARP テーブルに登録するとともに、送信待ちデータがある場合は送信も行います。

　ARP リプライの場合だけ登録しても良いのですが、多くの場合、転送したパケットには応答がある場合が多く、その際に ARP で調べることになってしまいます。リクエストもリプライも登録しておく方が ARP テーブルでヒットできる確率が上がり、高速になります。

● main.c つづき

```
    else if(ntohs(eh->ether_type)==ETHERTYPE_IP){
        struct iphdr    *iphdr;
        u_char   option[1500];
        int      optionLen;

        if(lest<sizeof(struct iphdr)){
            DebugPrintf("[%d]:lest(%d)<sizeof(struct iphdr)\n",deviceNo,lest);
            return(-1);
        }
        iphdr=(struct iphdr *)ptr;
        ptr+=sizeof(struct iphdr);
        lest-=sizeof(struct iphdr);

        optionLen=iphdr->ihl*4-sizeof(struct iphdr);
        if(optionLen>0){
            if(optionLen>=1500){
                DebugPrintf("[%d]:IP optionLen(%d):too big\n",deviceNo,optionLen);
                return(-1);
            }
            memcpy(option,ptr,optionLen);
            ptr+=optionLen;
            lest-=optionLen;
        }
```

```
        if(checkIPchecksum(iphdr,option,optionLen)==0){
            DebugPrintf("[%d]:bad ip checksum¥n",deviceNo);
fprintf(stderr,"IP checksum error¥n");
            return(-1);
        }
```

　Ethernet ヘッダのタイプが IP の場合です。IP パケットはルーターの転送対象です。まずは IP ヘッダでチェックサムを確認します。

● main.c つづき

```
        if(iphdr->ttl-1==0){
            DebugPrintf("[%d]:iphdr->ttl==0 error¥n",deviceNo);
            SendIcmpTimeExceeded(deviceNo,eh,iphdr,data,size);
            return(-1);
        }
```

　ルーターは中継するたびに TTL を 1 減らします。TTL がゼロになった場合には転送せずに、ICMP Time Exceeded を返します。

● main.c つづき

```
        tno=(!deviceNo);

        if((iphdr->daddr&Device[tno].netmask.s_addr)==Device[tno].subnet.s_addr){
            IP2MAC *ip2mac;

            DebugPrintf("[%d]:%s to TargetSegment¥n",deviceNo,
in_addr_t2str(iphdr->daddr,buf,sizeof(buf)));

            if(iphdr->daddr==Device[tno].addr.s_addr){
                DebugPrintf("[%d]:recv:myaddr¥n",deviceNo);
                return(1);
            }

            ip2mac=Ip2Mac(tno,iphdr->daddr,NULL);
            if(ip2mac->flag==FLAG_NG||ip2mac->sd.dno!=0){
                DebugPrintf("[%d]:Ip2Mac:error or sending¥n",deviceNo);
```

5-3 ルーターのメイン処理を記述する ～サンプルソース2 main.c

```
            AppendSendData(ip2mac,1,iphdr->daddr,data,size);
            return(-1);
        }
        else{
            memcpy(hwaddr,ip2mac->hwaddr,6);
        }
    }
```

　IPヘッダの宛先IPアドレスが、送出側のネットワークインターフェースのサブネット宛であれば、ルーターは直接送信先にパケットを送ります。
　次にIp2Mac()で宛先IPアドレスに対応するMACアドレスを調べます。ARPテーブルに存在しなければ、AppendSendData()で送信待ちバッファに格納します。
　宛先MACアドレスが得られた場合は、後でEthernetヘッダの宛先MACアドレスを書き換えるために、hwaddr変数に格納しておきます。

▶ main.c つづき

```
    else{
        IP2MAC *ip2mac;

        DebugPrintf("[%d]:%s to NextRouter\n",deviceNo,in_addr_t2str
(iphdr->daddr,buf,sizeof(buf)));

        ip2mac=Ip2Mac(tno,NextRouter.s_addr,NULL);
        if(ip2mac->flag==FLAG_NG||ip2mac->sd.dno!=0){
            DebugPrintf("[%d]:Ip2Mac:error or sending\n",deviceNo);
            AppendSendData(ip2mac,1,NextRouter.s_addr,data,size);
            return(-1);
        }
        else{
            memcpy(hwaddr,ip2mac->hwaddr,6);
        }
    }
```

　IPヘッダの宛先IPアドレスが、送出側のネットワークインターフェースのサブネット宛でない場合は、上位ルータにパケットを送ります。

次に Ip2Mac() で NextRouter に対応する MAC アドレスを調べます。ARP テーブルに存在しなければ AppendSendData() で送信待ちバッファに格納します。

宛先 MAC アドレスが得られた場合は、後で Ethernet ヘッダの宛先 MAC アドレスを書き換えるために、hwaddr 変数に格納しておきます。

▶ main.c つづき

```
        memcpy(eh->ether_dhost,hwaddr,6);
        memcpy(eh->ether_shost,Device[tno].hwaddr,6);

        iphdr->ttl--;
        iphdr->check=0;
        iphdr->check=checksum2((u_char *)iphdr,sizeof(struct iphdr),
option,optionLen);

        write(Device[tno].soc,data,size);
    }

    return(0);
}
```

宛先 MAC アドレスを hwaddr で書き換え、パケットを送出しますが、IP ヘッダの TTL を減算しなければなりません。IP ヘッダを書き換えると IP ヘッダのチェックサムも再計算が必要です。宛先 MAC アドレス、IP ヘッダの TTL・チェックサムの変更を終えてから write() で送出します。

▶ main.c つづき

```
int Router()
{
struct pollfd    targets[2];
int      nready,i,size;
u_char   buf[2048];

    targets[0].fd=Device[0].soc;
    targets[0].events=POLLIN|POLLERR;
    targets[1].fd=Device[1].soc;
    targets[1].events=POLLIN|POLLERR;
```

5-3 ルーターのメイン処理を記述する 〜サンプルソース2 main.c

ルーターの受信処理です。2つのネットワークインターフェースのディスクリプタを struct pollfd にセットします。

● main.c つづき

```c
    while(EndFlag==0){
        switch(nready=poll(targets,2,100)){
            case    -1:
                if(errno!=EINTR){
                    DebugPerror("poll");
                }
                break;
            case    0:
                break;
            default:
                for(i=0;i<2;i++){
                    if(targets[i].revents&(POLLIN|POLLERR)){
                        if((size=read(Device[i].soc,buf,sizeof(buf)))<=0){
                            DebugPerror("read");
                        }
                        else{
                            AnalyzePacket(i,buf,size);
                        }
                    }
                }
                break;
        }
    }

    return(0);
}
```

poll() で受信レディになったディスクリプタから read() でパケットを読み込み、AnalyzePacket() をコールします。

グローバル変数の EndFlag が「1」になったら処理を終了するようにします。

第5章 ルーターを作ろう

● main.c つづき

```c
int DisableIpForward()
{
FILE    *fp;

    if((fp=fopen("/proc/sys/net/ipv4/ip_forward","w"))==NULL){
        DebugPrintf("cannot write /proc/sys/net/ipv4/ip_forward\n");
        return(-1);
    }
    fputs("0",fp);
    fclose(fp);

    return(0);
}
```

ブリッジと同様に、起動時に、カーネルの IP フォワードを止めるための関数です。/proc/sys/net/ipv4/ip_forward が「1」になっているとカーネルがインターフェース間のパケットを転送してしまいますので、ブリッジの動作と混ざって不安定になります。「0」にすればその機能を停止できます。

● main.c つづき

```c
void *BufThread(void *arg)
{
    BufferSend();

    return(NULL);
}
```

送信待ちバッファの処理をバックグラウンドで並列処理させるためのスレッドです。ip2mac.c の BufferSend() を実行します。

● main.c つづき

```c
void EndSignal(int sig)
{
    EndFlag=1;
}
```

5-3 ルーターのメイン処理を記述する ～サンプルソース 2 main.c

終了関連のシグナルハンドラです。グローバル変数の EndFlag を 1 にすると、Router() と BufferSend() の処理ループを抜けるようにしてあります。

メイン関数の記述

● main.c つづき

```
pthread_t      BufTid;

int main(int argc,char *argv[],char *envp[])
{
char    buf[80];
pthread_attr_t  attr;
int     status;

    inet_aton(Param.NextRouter,&NextRouter);
    DebugPrintf("NextRouter=%s\n",my_inet_ntoa_r(&NextRouter,buf,
sizeof(buf)));
```

メイン関数です。上位ルーターの IP アドレスを文字列から struct in_addr 型に変換しておきます。

● main.c つづき

```
    if(GetDeviceInfo(Param.Device1,Device[0].hwaddr,&Device[0].addr,
&Device[0].subnet,&Device[0].netmask)==-1){
        DebugPrintf("GetDeviceInfo:error:%s\n",Param.Device1);
        return(-1);
    }
    if((Device[0].soc=InitRawSocket(Param.Device1,0,0))==-1){
        DebugPrintf("InitRawSocket:error:%s\n",Param.Device1);
        return(-1);
    }
    DebugPrintf("%s OK\n",Param.Device1);
    DebugPrintf("addr=%s\n",my_inet_ntoa_r(&Device[0].addr,buf,
sizeof(buf)));
    DebugPrintf("subnet=%s\n",my_inet_ntoa_r(&Device[0].subnet,buf,
sizeof(buf)));
    DebugPrintf("netmask=%s\n",my_inet_ntoa_r(&Device[0].netmask,buf,
```

```
sizeof(buf)));

    if(GetDeviceInfo(Param.Device2,Device[1].hwaddr,&Device[1].addr,
&Device[1].subnet,&Device[1].netmask)==-1){
        DebugPrintf("GetDeviceInfo:error:%s¥n",Param.Device2);
        return(-1);
    }
    if((Device[1].soc=InitRawSocket(Param.Device2,0,0))==-1){
        DebugPrintf("InitRawSocket:error:%s¥n",Param.Device1);
        return(-1);
    }
    DebugPrintf("%s OK¥n",Param.Device2);
    DebugPrintf("addr=%s¥n",my_inet_ntoa_r(&Device[1].addr,buf,
sizeof(buf)));
    DebugPrintf("subnet=%s¥n",my_inet_ntoa_r(&Device[1].subnet,buf,
sizeof(buf)));
    DebugPrintf("netmask=%s¥n",my_inet_ntoa_r(&Device[1].netmask,buf,
sizeof(buf)));
```

　2つのネットワークインターフェースのデバイスに対し、情報取得とディスクリプタの準備を行います。

● main.c つづき

```
    DisableIpForward();
```

　カーネルのパケット転送機能を停止します。

● main.c つづき

```
    pthread_attr_init(&attr);
    if((status=pthread_create(&BufTid,&attr,BufThread,NULL))!=0){
        DebugPrintf("pthread_create:%s¥n",strerror(status));
    }
```

　送信待ちバッファ処理用のスレッドを起動します。

○ main.c つづき

```
    signal(SIGINT,EndSignal);
    signal(SIGTERM,EndSignal);
    signal(SIGQUIT,EndSignal);

    signal(SIGPIPE,SIG_IGN);
    signal(SIGTTIN,SIG_IGN);
    signal(SIGTTOU,SIG_IGN);
```

　終了関連のシグナルハンドラを EndSignal() に定義し、パイプ切断や TTY 読み書きのシグナルを無視するようにします。TTY 読み書きのシグナルは無視するようにしておかないと、ターミナルでプログラムを起動し、バックグラウンドにした後にターミナルを終了させた場合にシグナルを受信してプログラムが終了してしまうためです。

○ main.c つづき

```
    DebugPrintf("router start¥n");
    Router();
    DebugPrintf("router end¥n");

    pthread_join(BufTid,NULL);

    close(Device[0].soc);
    close(Device[1].soc);

    return(0);
}
```

　Router() を呼び出して、ルーター処理を開始します。終了関連のシグナルによりグローバル変数 EndFlag が「1」になると Bridge() の処理が終わり、BufThread() も終了しますので、pthread_join() で終了を確認します。ディスクリプタをクローズして終了します。

5-4 ネットワーク関連の関数を記述する　〜サンプルソース3 netutil.c

ブリッジと同様に、ネットワーク関連の関数を記述していきます。

ヘッダファイルのインクルード

▶ netutil.c

```
#include     <stdio.h>
#include     <string.h>
#include     <unistd.h>
#include     <sys/ioctl.h>
#include     <arpa/inet.h>
#include     <sys/socket.h>
#include     <linux/if.h>
#include     <net/ethernet.h>
#include     <netinet/ip.h>
#include     <netpacket/packet.h>
#include     <netinet/if_ether.h>

extern int   DebugPrintf(char *fmt,...);
extern int   DebugPerror(char *msg);


int InitRawSocket(char *device,int promiscFlag,int ipOnly)
{
struct ifreq    ifreq;
struct sockaddr_ll    sa;
int    soc;

    if(ipOnly){
        if((soc=socket(PF_PACKET,SOCK_RAW,htons(ETH_P_IP)))<0){
            DebugPerror("socket");
            return(-1);
        }
```

```c
    }
    else{
        if((soc=socket(PF_PACKET,SOCK_RAW,htons(ETH_P_ALL)))<0){
            DebugPerror("socket");
            return(-1);
        }
    }

    memset(&ifreq,0,sizeof(struct ifreq));
    strncpy(ifreq.ifr_name,device,sizeof(ifreq.ifr_name)-1);
    if(ioctl(soc,SIOCGIFINDEX,&ifreq)<0){
        DebugPerror("ioctl");
        close(soc);
        return(-1);
    }
    sa.sll_family=PF_PACKET;
    if(ipOnly){
        sa.sll_protocol=htons(ETH_P_IP);
    }
    else{
        sa.sll_protocol=htons(ETH_P_ALL);
    }
    sa.sll_ifindex=ifreq.ifr_ifindex;
    if(bind(soc,(struct sockaddr *)&sa,sizeof(sa))<0){
        DebugPerror("bind");
        close(soc);
        return(-1);
    }

    if(promiscFlag){
        if(ioctl(soc,SIOCGIFFLAGS,&ifreq)<0){
            DebugPerror("ioctl");
            close(soc);
            return(-1);
        }
        ifreq.ifr_flags=ifreq.ifr_flags|IFF_PROMISC;
        if(ioctl(soc,SIOCSIFFLAGS,&ifreq)<0){
            DebugPerror("ioctl");
            close(soc);
            return(-1);
        }
    }
```

```
    return(soc);
}
```

InitRawSocket() はこれまでとまったく同じです。

ネットワークインターフェースの情報を得る

▶ netutil.c つづき

```
int GetDeviceInfo(char *device,u_char hwaddr[6],struct in_addr *uaddr,
struct in_addr *subnet,struct in_addr *mask)
{
struct ifreq    ifreq;
struct sockaddr_in      addr;
int     soc;
u_char  *p;

    if((soc=socket(PF_INET,SOCK_DGRAM,0))<0){
        DebugPerror("socket");
        return(-1);
    }

    memset(&ifreq,0,sizeof(struct ifreq));
    strncpy(ifreq.ifr_name,device,sizeof(ifreq.ifr_name)-1);

    if(ioctl(soc,SIOCGIFHWADDR,&ifreq)==-1){
        DebugPerror("ioctl");
        close(soc);
        return(-1);
    }
    else{
        p=(u_char *)&ifreq.ifr_hwaddr.sa_data;
        memcpy(hwaddr,p,6);
    }

    if(ioctl(soc,SIOCGIFADDR,&ifreq)==-1){
        DebugPerror("ioctl");
        close(soc);
        return(-1);
```

```
    }
    else if(ifreq.ifr_addr.sa_family!=PF_INET){
        DebugPrintf("%s not PF_INET\n",device);
        close(soc);
        return(-1);
    }
    else{
        memcpy(&addr,&ifreq.ifr_addr,sizeof(struct sockaddr_in));
        *uaddr=addr.sin_addr;
    }

    if(ioctl(soc,SIOCGIFNETMASK,&ifreq)==-1){
        DebugPerror("ioctl");
        close(soc);
        return(-1);
    }
    else{
        memcpy(&addr,&ifreq.ifr_addr,sizeof(struct sockaddr_in));
        *mask=addr.sin_addr;
    }

    subnet->s_addr=((uaddr->s_addr)&(mask->s_addr));

    close(soc);

    return(0);
}
```

ネットワークインターフェースの MAC アドレス、ユニキャストアドレス、サブネット、ネットマスクを得るための関数です。Linux ではいずれも ioctl() で調べることができます。socket() で用意するソケットディスクリプタは何でも大丈夫なので、ここでは UDP のソケットを作っています。

◯ netutil.c つづき

```
char *my_ether_ntoa_r(u_char *hwaddr,char *buf,socklen_t size)
{
    snprintf(buf,size,"%02x:%02x:%02x:%02x:%02x:%02x",
```

第5章 ルーターを作ろう

```
                hwaddr[0],hwaddr[1],hwaddr[2],hwaddr[3],hwaddr[4],hwaddr[5]);

    return(buf);
}

char *my_inet_ntoa_r(struct in_addr *addr,char *buf,socklen_t size)
{
    inet_ntop(PF_INET,addr,buf,size);

    return(buf);
}

char *in_addr_t2str(in_addr_t addr,char *buf,socklen_t size)
{
struct in_addr   a;

    a.s_addr=addr;
    inet_ntop(PF_INET,&a,buf,size);

    return(buf);
}
```

MACアドレス、IPアドレス(struct in_addr用)、IPアドレス(in_addr_t用)を文字列化する関数です。スレッドで使えるように、文字列バッファは呼び出し側で渡すようにしています。

Ethernetヘッダを表示する

▶ netutil.c つづき

```
int PrintEtherHeader(struct ether_header *eh,FILE *fp)
{
char    buf[80];

    fprintf(fp,"ether_header--------------------------------\n");
    fprintf(fp,"ether_dhost=%s\n",my_ether_ntoa_r(eh->ether_dhost,buf,sizeof(buf)));
    fprintf(fp,"ether_shost=%s\n",my_ether_ntoa_r(eh->ether_shost,buf,sizeof(buf)));
    fprintf(fp,"ether_type=%02X",ntohs(eh->ether_type));
```

5-4 ネットワーク関連の関数を記述する ～サンプルソース3 netutil.c

```
    switch(ntohs(eh->ether_type)){
        case    ETH_P_IP:
            fprintf(fp,"(IP)\n");
            break;
        case    ETH_P_IPV6:
            fprintf(fp,"(IPv6)\n");
            break;
        case    ETH_P_ARP:
            fprintf(fp,"(ARP)\n");
            break;
        default:
            fprintf(fp,"(unknown)\n");
            break;
    }
    
    return(0);
}
```

ブリッジと同様に、Ethernetヘッダをデバッグ表示する関数です。

チェックサムを計算する

◯ netutil.c つづき

```
u_int16_t checksum(u_char *data,int len)
{
register u_int32_t      sum;
register u_int16_t      *ptr;
register int        c;

    sum=0;
    ptr=(u_int16_t *)data;
    
    for(c=len;c>1;c-=2){
        sum+=(*ptr);
        if(sum&0x80000000){
            sum=(sum&0xFFFF)+(sum>>16);
        }
        ptr++;
    }
```

```c
    if(c==1){
        u_int16_t      val;
        val=0;
        memcpy(&val,ptr,sizeof(u_int8_t));
        sum+=val;
    }

    while(sum>>16){
        sum=(sum&0xFFFF)+(sum>>16);
    }

    return(~sum);
}

u_int16_t checksum2(u_char *data1,int len1,u_char *data2,int len2)
{
register u_int32_t     sum;
register u_int16_t     *ptr;
register int       c;

    sum=0;
    ptr=(u_int16_t *)data1;
    for(c=len1;c>1;c-=2){
        sum+=(*ptr);
        if(sum&0x80000000){
            sum=(sum&0xFFFF)+(sum>>16);
        }
        ptr++;
    }
    if(c==1){
        u_int16_t      val;
        val=((*ptr)<<8)+(*data2);
        sum+=val;
        if(sum&0x80000000){
            sum=(sum&0xFFFF)+(sum>>16);
        }
        ptr=(u_int16_t *)(data2+1);
        len2--;
    }
    else{
        ptr=(u_int16_t *)data2;
    }
```

```
    for(c=len2;c>1;c-=2){
        sum+=(*ptr);
        if(sum&0x80000000){
            sum=(sum&0xFFFF)+(sum>>16);
        }
        ptr++;
    }
    if(c==1){
        u_int16_t       val;
        val=0;
        memcpy(&val,ptr,sizeof(u_int8_t));
        sum+=val;
    }

    while(sum>>16){
        sum=(sum&0xFFFF)+(sum>>16);
    }

    return(~sum);
}
int checkIPchecksum(struct iphdr *iphdr,u_char *option,int optionLen)
{
struct iphdr        iptmp;
unsigned short  sum;

    memcpy(&iptmp,iphdr,sizeof(struct iphdr));

    if(optionLen==0){
        sum=checksum((u_char *)&iptmp,sizeof(struct iphdr));
        if(sum==0||sum==0xFFFF){
            return(1);
        }
        else{
            return(0);
        }
    }
    else{
        sum=checksum2((u_char *)&iptmp,sizeof(struct iphdr),option,
optionLen);
        if(sum==0||sum==0xFFFF){
            return(1);
```

```
        }
        else{
            return(0);
        }
    }
}
```

　チェックサム計算用の関数です。パケットキャプチャのサンプルと同一のものです。

ARP リクエストを送信する

● netutil.c つづき

```
typedef struct {
    struct ether_header     eh;
    struct ether_arp        arp;
}PACKET_ARP;

int SendArpRequestB(int soc,in_addr_t target_ip,u_char target_mac[6],
in_addr_t my_ip,u_char my_mac[6])
{
PACKET_ARP     arp;
int     total;
u_char  *p;
u_char  buf[sizeof(struct ether_header)+sizeof(struct ether_arp)];
union {
    unsigned long   l;
    u_char          c[4];
}lc;
int     i;

    arp.arp.arp_hrd=htons(ARPHRD_ETHER);
    arp.arp.arp_pro=htons(ETHERTYPE_IP);
    arp.arp.arp_hln=6;
    arp.arp.arp_pln=4;
    arp.arp.arp_op=htons(ARPOP_REQUEST);

    for(i=0;i<6;i++){
        arp.arp.arp_sha[i]=my_mac[i];
```

```
    }

    for(i=0;i<6;i++){
        arp.arp.arp_tha[i]=0;
    }

    lc.l=my_ip;
    for(i=0;i<4;i++){
        arp.arp.arp_spa[i]=lc.c[i];
    }

    lc.l=target_ip;
    for(i=0;i<4;i++){
        arp.arp.arp_tpa[i]=lc.c[i];
    }

    arp.eh.ether_dhost[0]=target_mac[0];
    arp.eh.ether_dhost[1]=target_mac[1];
    arp.eh.ether_dhost[2]=target_mac[2];
    arp.eh.ether_dhost[3]=target_mac[3];
    arp.eh.ether_dhost[4]=target_mac[4];
    arp.eh.ether_dhost[5]=target_mac[5];

    arp.eh.ether_shost[0]=my_mac[0];
    arp.eh.ether_shost[1]=my_mac[1];
    arp.eh.ether_shost[2]=my_mac[2];
    arp.eh.ether_shost[3]=my_mac[3];
    arp.eh.ether_shost[4]=my_mac[4];
    arp.eh.ether_shost[5]=my_mac[5];

    arp.eh.ether_type=htons(ETHERTYPE_ARP);

    memset(buf,0,sizeof(buf));
    p=buf;
    memcpy(p,&arp.eh,sizeof(struct ether_header));p+=sizeof(struct ether_header);
    memcpy(p,&arp.arp,sizeof(struct ether_arp));p+=sizeof(struct ether_arp);
    total=p-buf;

    write(soc,buf,total);
```

```
    return(0);
}
```

ARP リクエストを送信する関数です。ARP パケットは IP パケットでもないので、リンクレイヤーで送信します。Ethernet ヘッダ、ARP データを作成して、write() で送信します。

関数のプロトタイプを宣言する

● netutil.h

```
char *my_ether_ntoa_r(u_char *hwaddr,char *buf,socklen_t size);
char *my_inet_ntoa_r(struct in_addr *addr,char *buf,socklen_t size);
char *in_addr_t2str(in_addr_t addr,char *buf,socklen_t size);
int GetDeviceInfo(char *device,u_char hwaddr[6],struct in_addr *uaddr,
struct in_addr *subnet,struct in_addr *mask);
int PrintEtherHeader(struct ether_header *eh,FILE *fp);
int InitRawSocket(char *device,int promiscFlag,int ipOnly);
u_int16_t checksum(unsigned char *data,int len);
u_int16_t checksum2(unsigned char *data1,int len1,unsigned char *data2,
int len2);
int checkIPchecksum(struct iphdr *iphdr,unsigned char *option,int optionLen);
int SendArpRequestB(int soc,in_addr_t target_ip,unsigned char target_mac[6],
in_addr_t my_ip,unsigned char my_mac[6]);
```

netutil.c に含まれる関数のプロトタイプ宣言を記述します。

5-5 IPアドレスとMACアドレスを紐付ける　〜サンプルソース4 ip2mac.c

次は、IPアドレスとMACアドレスの紐付け関連（独自ARPテーブル）の関数を記述します。

ヘッダファイルのインクルード

● ip2mac.c

```
#include    <stdio.h>
#include    <unistd.h>
#include    <stdlib.h>
#include    <string.h>
#include    <errno.h>
#include    <time.h>
#include    <sys/time.h>
#include    <sys/socket.h>
#include    <net/ethernet.h>
#include    <netinet/in.h>
#include    <netinet/ip.h>
#include    <pthread.h>
#include    "netutil.h"
#include    "base.h"
#include    "ip2mac.h"
#include    "sendBuf.h"

extern int DebugPrintf(char *fmt,...);

#define IP2MAC_TIMEOUT_SEC      60
#define IP2MAC_NG_TIMEOUT_SEC   1

struct {
    IP2MAC  *data;
    int     size;
    int     no;
```

```
}Ip2Macs[2];

extern DEVICE   Device[2];
extern int      ArpSoc[2];

extern int      EndFlag;
```

　IP2MAC_TIMEOUT_SEC は ARP テーブルの有効時間を秒で指定します。ここに指定した時間以上、使われなければテーブルから消します。IP2MAC_NG_TIMEOUT_SEC は、ARP リクエストを送信してから応答を何秒待つかを指定します。

　Ip2Macs が ARP テーブルで、2 つのネットワークインターフェースを分けて管理するために要素数 2 の配列にしています。

独自 ARP テーブルの検索

● ip2mac.c つづき

```c
IP2MAC *Ip2MacSearch(int deviceNo,in_addr_t addr,u_char *hwaddr)
{
register int   i;
int     freeNo,no;
time_t  now;
char    buf[80];
IP2MAC  *ip2mac;

    freeNo=-1;
    now=time(NULL);
    for(i=0;i<Ip2Macs[deviceNo].no;i++){
        ip2mac=&Ip2Macs[deviceNo].data[i];
        if(ip2mac->flag==FLAG_FREE){
            if(freeNo==-1){
                freeNo=i;
            }
            continue;
        }
        if(ip2mac->addr==addr){
            if(ip2mac->flag==FLAG_OK){
```

5-5 IPアドレスとMACアドレスを紐付ける　～サンプルソース4 ip2mac.c

```c
                    ip2mac->lastTime=now;
                }
                if(hwaddr!=NULL){
                    memcpy(ip2mac->hwaddr,hwaddr,6);
                    ip2mac->flag=FLAG_OK;
                    if(ip2mac->sd.top!=NULL){
                        AppendSendReqData(deviceNo,i);
                    }
                    //DebugPrintf("Ip2Mac EXIST [%d] %s = %d\n",deviceNo,in_addr_t2str(addr,buf,sizeof(buf)),i);
                    return(ip2mac);
                }
                else{
                    if((ip2mac->flag==FLAG_OK&&now-ip2mac->lastTime>IP2MAC_TIMEOUT_SEC)||
                       (ip2mac->flag==FLAG_NG&&now-ip2mac->lastTime>IP2MAC_NG_TIMEOUT_SEC)){
                        FreeSendData(ip2mac);
                        ip2mac->flag=FLAG_FREE;
                        //DebugPrintf("Ip2Mac FREE [%d] %s = %d\n",deviceNo,in_addr_t2str(ip2mac->addr,buf,sizeof(buf)),i);
                        if(freeNo==-1){
                            freeNo=i;
                        }
                    }
                    else{
                        //DebugPrintf("Ip2Mac EXIST [%d] %s = %d\n",deviceNo,in_addr_t2str(addr,buf,sizeof(buf)),i);
                        return(ip2mac);
                    }
                }
            }
            else{
                if((ip2mac->flag==FLAG_OK&&now-ip2mac->lastTime>IP2MAC_TIMEOUT_SEC)||
                   (ip2mac->flag==FLAG_NG&&now-ip2mac->lastTime>IP2MAC_NG_TIMEOUT_SEC)){
                    FreeSendData(ip2mac);
                    ip2mac->flag=FLAG_FREE;
                    //DebugPrintf("Ip2Mac FREE [%d] %s = %d\n",deviceNo,in_addr_t2str(ip2mac->addr,buf,sizeof(buf)),i);
                    if(freeNo==-1){
                        freeNo=i;
```

```
            }
        }
    }
}
```

　独自 ARP テーブルの検索ループです。単に検索するだけでなく、有効期限のチェック・タイムアウト処理と、無応答の場合の処理も行っています。

　タイムアウトや無応答の場合は ARP テーブルの flag を FLAG_FREE にして空き状態に戻しておきます。

　対象の IP アドレスが見つかれば、最終更新時刻 (lastTime) を更新します。hwaddr が指定されていれば、ARP テーブルに格納するとともに、送信待ちバッファが未作成であれば AppendSendReqData() で準備します。

◯ ip2mac.c つづき

```
    if(freeNo==-1){
        no=Ip2Macs[deviceNo].no;
        if(no>=Ip2Macs[deviceNo].size){
            if(Ip2Macs[deviceNo].size==0){
                Ip2Macs[deviceNo].size=1024;
                Ip2Macs[deviceNo].data=(IP2MAC *)malloc(Ip2Macs[deviceNo].size*sizeof(IP2MAC));
            }
            else{
                Ip2Macs[deviceNo].size+=1024;
                Ip2Macs[deviceNo].data=(IP2MAC *)realloc(Ip2Macs[deviceNo].data,Ip2Macs[deviceNo].size*sizeof(IP2MAC));
            }
        }
        Ip2Macs[deviceNo].no++;
    }
    else{
        no=freeNo;
    }

    ip2mac=&Ip2Macs[deviceNo].data[no];
```

5-5 IPアドレスとMACアドレスを紐付ける　～サンプルソース4 ip2mac.c

```
    ip2mac->deviceNo=deviceNo;
    ip2mac->addr=addr;
    if(hwaddr==NULL){
        ip2mac->flag=FLAG_NG;
        memset(ip2mac->hwaddr,0,6);
    }
    else{
        ip2mac->flag=FLAG_OK;
        memcpy(ip2mac->hwaddr,hwaddr,6);
    }
    ip2mac->lastTime=now;
    memset(&ip2mac->sd,0,sizeof(SEND_DATA));
    pthread_mutex_init(&ip2mac->sd.mutex,NULL);

    DebugPrintf("Ip2Mac ADD [%d] %s = %d\n",deviceNo,in_addr_t2str
(ip2mac->addr,buf,sizeof(buf)),no);

    return(ip2mac);
}
```

　独自ARPテーブルに一致するIPアドレスが見つからなかった場合には、新たに格納します。検索中に空きが見つかっていればそこに、空きがない場合は新たに追加します。

● ip2mac.c つづき

```
IP2MAC *Ip2Mac(int deviceNo,in_addr_t addr,u_char *hwaddr)
{
IP2MAC  *ip2mac;
static u_char   bcast[6]={0xFF,0xFF,0xFF,0xFF,0xFF,0xFF};
char    buf[80];

    ip2mac=Ip2MacSearch(deviceNo,addr,hwaddr);
    if(ip2mac->flag==FLAG_OK){
            DebugPrintf("Ip2Mac(%s):OK\n",in_addr_t2str(addr,buf,sizeof
(buf)));
        return(ip2mac);
    }
    else{
```

第 5 章 ルーターを作ろう

```
        DebugPrintf("Ip2Mac(%s):NG\n",in_addr_t2str(addr,buf,sizeof
(buf)));
        DebugPrintf("Ip2Mac(%s):Send Arp Request\n",in_addr_t2str
(addr,buf,sizeof(buf)));
        SendArpRequestB(Device[deviceNo].soc,addr,bcast,
Device[deviceNo].addr.s_addr,Device[deviceNo].hwaddr);
        return(ip2mac);
    }
}
```

AnalyzePacket() から呼ばれる、独自 ARP テーブルの検索・格納用の関数です。Ip2MacSearch() で検索し、MAC アドレスを持っていない状態であれば、SendArpRequestB() で ARP リクエストを送信します。

データの送受信

▶ ip2mac.c つづき

```
int BufferSendOne(int deviceNo,IP2MAC *ip2mac)
{
struct ether_header    eh;
struct iphdr           iphdr;
u_char    option[1500];
int       optionLen;
int       size;
u_char    *data;
u_char    *ptr;

    while(1){
        if(GetSendData(ip2mac,&size,&data)==-1){
            break;
        }

        ptr=data;

        memcpy(&eh,ptr,sizeof(struct ether_header));
        ptr+=sizeof(struct ether_header);

        memcpy(&iphdr,ptr,sizeof(struct iphdr));
```

5-5 IPアドレスとMACアドレスを紐付ける ～サンプルソース4 ip2mac.c

```
            ptr+=sizeof(struct iphdr);

            optionLen=iphdr.ihl*4-sizeof(struct iphdr);
            if(optionLen>0){
                memcpy(option,ptr,optionLen);
                ptr+=optionLen;
            }

            memcpy(eh.ether_dhost,ip2mac->hwaddr,6);
            memcpy(data,&eh,sizeof(struct ether_header));

            DebugPrintf("iphdr.ttl %d->%d\n",iphdr.ttl,iphdr.ttl-1);
            iphdr.ttl--;

            iphdr.check=0;
            iphdr.check=checksum2((u_char *)&iphdr,sizeof(struct iphdr),
option,optionLen);
            memcpy(data+sizeof(struct ether_header),&iphdr,
sizeof(struct iphdr));

            DebugPrintf("write:BufferSendOne:[%d] %dbytes\n",deviceNo,size);
            write(Device[deviceNo].soc,data,size);
/*
            DebugPrintf("*************************************[%d]\n",deviceNo);
            print_ether_header(&eh);
            print_ip(&ip);
            DebugPrintf("*************************************[%d]\n",deviceNo);
*/
    }

    return(0);
}
```

　送信待ちバッファにたまっているデータを送信する関数です。Ethernetヘッダの宛先MACアドレスと、IPヘッダのTTL・チェックサムを書き換えてwrite()で送信します。

● ip2mac.c つづき

```c
typedef struct _send_req_data_ {
    struct _send_req_data_ *next;
    struct _send_req_data_ *before;
    int     deviceNo;
    int     ip2macNo;
}SEND_REQ_DATA;

struct {
    SEND_REQ_DATA   *top;
    SEND_REQ_DATA   *bottom;
    pthread_mutex_t mutex;
    pthread_cond_t  cond;
}SendReq={NULL,NULL,PTHREAD_MUTEX_INITIALIZER,PTHREAD_COND_INITIALIZER};
```

　送信待ちデータの情報を保持するための構造体の定義です。SEND_REQ_DATA は双方向リストの構造にしてあります。わかりやすい動きとしては、独自 ARP テーブルに ARP レスポンス受信により、MAC アドレスがセットされた際に、送信待ちバッファにたまっているデータを送信する感じになります。ただし、メインの送受信処理の中で行ってしまうと、たまっているデータを送信し終えるまで他の処理が止まってしまいます。そこで送信待ちバッファの送信は、別スレッドで処理するようにしてあります。

　独自 ARP テーブルに MAC アドレスが格納された際に、Ip2MacSearch() からこのデータに送信すべきネットワークインターフェースと IP2MAC の番号を格納します。その際に pthread の cond の仕組みを使い、別スレッドの BufferSend() に送信すべきデータができたことを通知します。

● ip2mac.c つづき

```c
int AppendSendReqData(int deviceNo,int ip2macNo)
{
SEND_REQ_DATA   *d;
int     status;
```

5-5 IPアドレスとMACアドレスを紐付ける ～サンプルソース4 ip2mac.c

```c
    if((status=pthread_mutex_lock(&SendReq.mutex))!=0){
        DebugPrintf("AppendSendReqData:pthread_mutex_lock:%s¥n",strerror(status));
        return(-1);
    }

    for(d=SendReq.top;d!=NULL;d=d->next){
        if(d->deviceNo==deviceNo&&d->ip2macNo==ip2macNo){
            pthread_mutex_unlock(&SendReq.mutex);
            return(1);
        }
    }

    d=(SEND_REQ_DATA *)malloc(sizeof(SEND_REQ_DATA));
    if(d==NULL){
        DebugPrintf("AppendSendReqData:malloc");
        pthread_mutex_unlock(&SendReq.mutex);
        return(-1);
    }
    d->next=d->before=NULL;
    d->deviceNo=deviceNo;
    d->ip2macNo=ip2macNo;

    if(SendReq.bottom==NULL){
        SendReq.top=SendReq.bottom=d;
    }
    else{
        SendReq.bottom->next=d;
        d->before=SendReq.bottom;
        SendReq.bottom=d;
    }
    pthread_cond_signal(&SendReq.cond);
    pthread_mutex_unlock(&SendReq.mutex);

    DebugPrintf("AppendSendReqData:[%d] %d¥n",deviceNo,ip2macNo);

    return(0);
}
```

　この部分は Ip2MacSearch() で独自 ARP テーブルに MAC アドレスが格納されたときに呼び出されます。SendReq に 1 つデータを追加し、

pthread_cond_signal() で別スレッドの BufferSend() に通知を送ります。

● ip2mac.c つづき

```
int GetSendReqData(int *deviceNo,int *ip2macNo)
{
SEND_REQ_DATA   *d;
int     status;

    if(SendReq.top==NULL){
        return(-1);
    }

    if((status=pthread_mutex_lock(&SendReq.mutex))!=0){
        DebugPrintf("pthread_mutex_lock:%s\n",strerror(status));
        return(-1);
    }
    d=SendReq.top;
    SendReq.top=d->next;
    if(SendReq.top==NULL){
        SendReq.bottom=NULL;
    }
    else{
        SendReq.top->before=NULL;
    }
    pthread_mutex_unlock(&SendReq.mutex);

    *deviceNo=d->deviceNo;
    *ip2macNo=d->ip2macNo;

    DebugPrintf("GetSendReqData:[%d] %d\n",*deviceNo,*ip2macNo);

    return(0);
}
```

BufferSend() で先頭の１データを得るための関数です。得ると同時に双方向リストからそのデータを削除します。

5-5 IPアドレスとMACアドレスを紐付ける 〜サンプルソース4 ip2mac.c

● ip2mac.c つづき

```
int BufferSend()
{
struct timeval   now;
struct timespec  timeout;
int      deviceNo,ip2macNo;
int      status;

    while(EndFlag==0){
        gettimeofday(&now,NULL);
        timeout.tv_sec=now.tv_sec+1;
        timeout.tv_nsec=now.tv_usec*1000;

        pthread_mutex_lock(&SendReq.mutex);
            if((status=pthread_cond_timedwait(&SendReq.cond,&SendReq.mutex,&timeout))!=0){
                DebugPrintf("pthread_cond_timedwait:%s\n",strerror(status));
            }
        pthread_mutex_unlock(&SendReq.mutex);

        while(1){
            if(GetSendReqData(&deviceNo,&ip2macNo)==-1){
                break;
            }
            BufferSendOne(deviceNo,&Ip2Macs[deviceNo].data[ip2macNo]);
        }
    }

    DebugPrintf("BufferSend:end\n");

    return(0);
}
```

　メインの送受信処理とは別スレッドで動き続ける関数です。main.cのBufThread()から呼ばれます。普段はpthread_mutex_cond_timedwait()で待っていて、通知を受けるか1秒でタイムアウトすると、GetSendReqData()でSendReqの先頭のデータを取得します。データが存在すれば、BufferSendOne()で送信待ちバッファのデータを送信します。

第5章 ルーターを作ろう

関数のプロトタイプ宣言

● ip2mac.h

```
IP2MAC *Ip2MacSearch(int deviceNo,in_addr_t addr,unsigned char *hwaddr);
IP2MAC *Ip2Mac(int deviceNo,in_addr_t addr,unsigned char *hwaddr);
int BufferSendOne(int deviceNo,IP2MAC *ip2mac);
int AppendSendReqData(int deviceNo,int ip2macNo);
int GetSendReqData(int *deviceNo,int *ip2macNo);
int BufferSend();
```

ip2mac.c で記述されている関数のプロトタイプ宣言を行います。

5-6 送信待ちバッファのデータを管理する ～サンプルソース5 sendBuf.c

最後に、送信待ちバッファのデータを管理するための関数を記述していきます。

ヘッダファイルのインクルード

● sendBuf.c

```
#include    <stdio.h>
#include    <stdlib.h>
#include    <string.h>
#include    <errno.h>
#include    <sys/socket.h>
#include    <net/ethernet.h>
#include    <netinet/in.h>
#include    <netinet/ip.h>
#include    <pthread.h>
#include    "netutil.h"
#include    "base.h"
#include    "ip2mac.h"

extern int      DebugPrintf(char *fmt,...);
extern int      DebugPerror(char *msg);

#define MAX_BUCKET_SIZE (1024*1024)
```

MAX_BUCKET_SIZEは1つの送信待ちバッファに格納する最大容量です。

MACアドレスが解決できないときの処理

▶ sendBuf.c つづき

```c
int AppendSendData(IP2MAC *ip2mac,int deviceNo,in_addr_t addr,u_char *data,
int size)
{
SEND_DATA       *sd=&ip2mac->sd;
DATA_BUF    *d;
int     status;
char        buf[80];

    if(sd->inBucketSize>MAX_BUCKET_SIZE){
        DebugPrintf("AppendSendData:Bucket overflow\n");
        return(-1);
    }

    d=(DATA_BUF *)malloc(sizeof(DATA_BUF));
    if(d==NULL){
        DebugPerror("malloc");
        return(-1);
    }
    d->data=(u_char *)malloc(size);
    if(d->data==NULL){
        DebugPerror("malloc");
        free(d);
        return(-1);
    }
    d->next=d->before=NULL;
    d->t=time(NULL);
    d->size=size;
    memcpy(d->data,data,size);

    if((status=pthread_mutex_lock(&sd->mutex))!=0){
        DebugPrintf("AppendSendData:pthread_mutex_lock:%s\n",strerror(status));
    free(d->data);
        free(d);
        return(-1);
    }
    if(sd->bottom==NULL){
        sd->top=sd->bottom=d;
    }
    else{
```

```
            sd->bottom->next=d;
            d->before=sd->bottom;
            sd->bottom=d;
        }
        sd->dno++;
        sd->inBucketSize+=size;
        pthread_mutex_unlock(&sd->mutex);

        DebugPrintf("AppendSendData:[%d] %s %dbytes(Total=%lu:%lubytes)¥n",
    deviceNo,in_addr_t2str(addr,buf,sizeof(buf)),size,sd->dno,sd->inBucketSize);

        return(0);
    }
```

この部分は独自 ARP テーブルで MAC アドレスの解決ができない場合に、main.c の AnalyzePacket() から呼ばれます。IP2MAC 内のバッファにデータを連結格納します。MAX_BUCKET_SIZE を越える場合は格納を諦め、パケットは転送されずに捨てられます。

● sendBuf.c つづき

```
int GetSendData(IP2MAC *ip2mac,int *size,u_char **data)
{
SEND_DATA       *sd=&ip2mac->sd;
DATA_BUF        *d;
int     status;
char    buf[80];

    if(sd->top==NULL){
        return(-1);
    }

    if((status=pthread_mutex_lock(&sd->mutex))!=0){
        DebugPrintf("pthread_mutex_lock:%s¥n",strerror(status));
        return(-1);
    }
    d=sd->top;
    sd->top=d->next;
    if(sd->top==NULL){
        sd->bottom=NULL;
```

```
        }
        else{
            sd->top->before=NULL;
        }
        sd->dno--;
        sd->inBucketSize-=d->size;

        pthread_mutex_unlock(&sd->mutex);

        *size=d->size;
        *data=d->data;

        free(d);

        DebugPrintf("GetSendData:[%d] %s %dbytes\n",ip2mac->deviceNo,
in_addr_t2str(ip2mac->addr,buf,sizeof(buf)),*size);

        return(0);
}
```

ip2mac.c の BufferSendOne() から呼ばれ、送信待ちバッファの先頭データを返し、データを削除します。

◯ sendBuf.c つづき

```
int FreeSendData(IP2MAC *ip2mac)
{
SEND_DATA       *sd=&ip2mac->sd;
DATA_BUF        *ptr;
int     status;
char    buf[80];

    if(sd->top==NULL){
        return(0);
    }

    if((status=pthread_mutex_lock(&sd->mutex))!=0){
        DebugPrintf("pthread_mutex_lock:%s\n",strerror(status));
        return(-1);
    }
```

5-6 送信待ちバッファのデータを管理する 〜サンプルソース5 sendBuf.c

```
    for(ptr=sd->top;ptr!=NULL;ptr=ptr->next){
        DebugPrintf("FreeSendData:%s %lu¥n",in_addr_t2str(ip2mac->addr,buf,sizeof(buf)),sd->inBucketSize);
        free(ptr->data);
    }

    sd->top=sd->bottom=NULL;

    pthread_mutex_unlock(&sd->mutex);

    DebugPrintf("FreeSendData:[%d]¥n",ip2mac->deviceNo);

    return(0);
}
```

　この部分は独自 ARP テーブルの調査でタイムアウトした場合や、テーブル未使用時間が閾値を越えた場合に、送信バッファを削除するために、ip2mac.c の Ip2MacSearch() から呼ばれます。

関数のプロトタイプ宣言

● sendBuf.h

```
int AppendSendData(IP2MAC *ip2mac,int deviceNo,in_addr_t addr,unsigned char *data,int size);
int GetSendData(IP2MAC *ip2mac,int *size,unsigned char **data);
int FreeSendData(IP2MAC *ip2mac);
int BufferSend();
```

　最後に sendBuf.c で記述されている関数のプロトタイプ宣言を行います。

5-7 ルーターを実行する

Makefile

これまでと同様の Makefile を準備します。

● Makefile

```
OBJS=main.o netutil.o ip2mac.o sendBuf.o
SRCS=$(OBJS:%.o=%.c)
CFLAGS=-g -Wall
LDLIBS=-lpthread
TARGET=router
$(TARGET):$(OBJS)
	$(CC) $(CFLAGS) $(LDFLAGS) -o $(TARGET) $(OBJS) $(LDLIBS)
```

ビルド

make コマンドでビルドします。

```
# make
cc -g -Wall    -c -o main.o main.c
cc -g -Wall    -c -o netutil.o netutil.c
cc -g -Wall    -c -o ip2mac.o ip2mac.c
cc -g -Wall    -c -o sendBuf.o sendBuf.c
cc -g -Wall    -o router main.o netutil.o ip2mac.o sendBuf.o -lpthread
```

実行すると、router という実行ファイルが生成されます。

実行

スーパーユーザで実行します。Param.DebugOut を「0」にしていると何も表示されませんが、「1」にすると大量にパケットの情報や ARP 解

決の様子が表示されます。

```
# ./router
NextRouter=192.168.0.254
eth1 OK
addr=10.0.0.33
subnet=10.0.0.0
netmask=255.0.0.0
eth2 OK
addr=192.168.0.3
subnet=192.168.0.0
netmask=255.255.255.0
router start
[1]:dhost not match ff:ff:ff:ff:ff:ff
[1]:dhost not match 00:60:e0:4b:1d:f6
[1]:dhost not match ff:ff:ff:ff:ff:ff
[1]:dhost not match 00:60:e0:4b:1d:f6
[1]:192.168.0.3 to NextRouter
Ip2Mac ADD [0] 192.168.0.254 = 0
Ip2Mac(192.168.0.254):NG
Ip2Mac(192.168.0.254):Send Arp Request
[1]:Ip2Mac:error or sending
AppendSendData:[1] 192.168.0.254 265bytes(Total=1:265bytes)
[1]:dhost not match 00:60:e0:4b:1d:f6
[1]:192.168.0.3 to NextRouter
Ip2Mac(192.168.0.254):NG
Ip2Mac(192.168.0.254):Send Arp Request
[1]:Ip2Mac:error or sending
AppendSendData:[1] 192.168.0.254 321bytes(Total=2:586bytes)
[1]:dhost not match 00:60:e0:4b:1d:f6
[1]:192.168.0.3 to NextRouter
Ip2Mac(192.168.0.254):NG
Ip2Mac(192.168.0.254):Send Arp Request
[1]:Ip2Mac:error or sending
AppendSendData:[1] 192.168.0.254 158bytes(Total=3:744bytes)
[1]:dhost not match 00:60:e0:4b:1d:f6
pthread_cond_timedwait:Connection timed out
[1]:192.168.0.3 to NextRouter
Ip2Mac(192.168.0.254):NG
Ip2Mac(192.168.0.254):Send Arp Request
[1]:Ip2Mac:error or sending
AppendSendData:[1] 192.168.0.254 321bytes(Total=4:1065bytes)
```

第 5 章 ルーターを作ろう

```
[1]:dhost not match 00:60:e0:4b:1d:f6
pthread_cond_timedwait:Connection timed out
・・・
```

 ルーターがあれば、それの代わりにこのルーターを動かしてみましょう。ルーターがなければ、普段使っているセグメントに片側のネットワークインターフェース（eth1）を接続、もう片側（eth0）に PC を接続し、それぞれのネットワークセグメントを別のものにして、ルーティングの設定をしてみましょう。まずは以下のようにしてみてください。

・クライアント　➔　eth0 側に
・インターネットにつながるセグメント　➔　eth1 側

 そして以下のようにして実験すると、異なるセグメント宛のデータが転送されることが確認できます。

●図 5-8　ルーターの設定

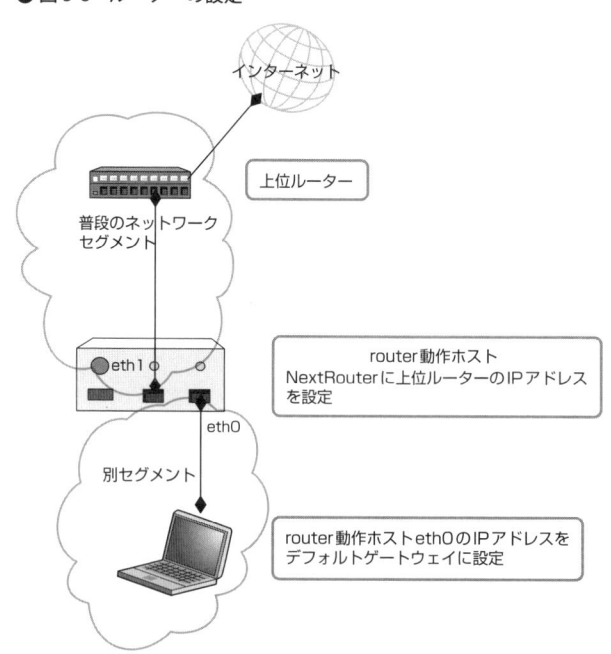

- このソフトを動かすホスト
  → PC のデフォルトゲートウェイに設定する
- 普段使っているセグメントのルーティングテーブル
  → 新たなセグメントへの経路をこのルーター経由となるように設定する

応用 〜ルーター自作のメリット

　ブリッジと同様に、ルーターも今では安いものもありますし、Linux の標準機能を使っても実現可能です。単純にパケットを転送するだけのブリッジと比べて手間がかかるルーターの自作は IP のセグメントを越えたネットワーク連携の勉強に最適です。

　今ではインターネットが一般的に使われているので、ルーターもそれこそ「一家に一台」という時代です。しかし、以前は小さな組織でセグメント分けをせず、1 セグメントで HUB だけでネットワークを構成することが多く、ルーターはなかなか縁がなかったものです。セグメントが異なる場合にどのように中継されるのかなどを理解するには、ルーターを自作してみるのが一番です。

　本書ではソースを紹介しませんでしたが、ルーターといえば NAPT（Network Address Port Translation、あるいは IP マスカレード）も重要な役割です。「転送パケットの IP アドレスをルーター送出側の IP アドレスとポート番号を使って書き換えて送出し、戻りパケットを元に戻して送り返す」という仕組みで、IPv4 でインターネットに接続する際にローカルアドレスとグローバルアドレスの中継を行うために欠かせないものです。戻りパケットのルーティングが不要というメリットがあります。

第 5 章 ルーターを作ろう

● 図 5-9 NAPT の仕組み

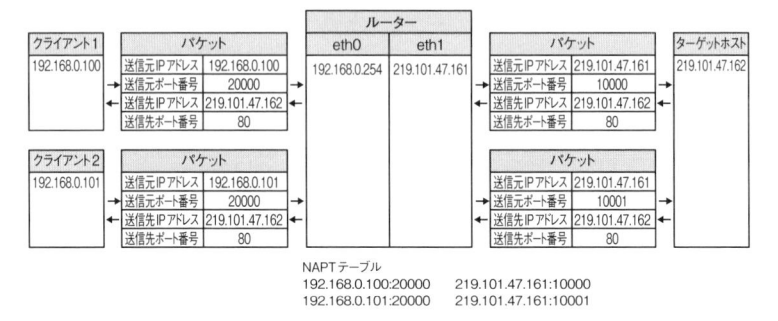

クライアント1	パケット		ルーター		パケット		ターゲットホスト
192.168.0.100			eth0	eth1			219.101.47.162
	送信元IPアドレス	192.168.0.100	192.168.0.254	219.101.47.161	送信元IPアドレス	219.101.47.161	
	送信元ポート番号	20000			送信元ポート番号	10000	
	送信先IPアドレス	219.101.47.162			送信先IPアドレス	219.101.47.162	
	送信先ポート番号	80			送信先ポート番号	80	

クライアント2	パケット				パケット		
192.168.0.101	送信元IPアドレス	192.168.0.101			送信元IPアドレス	219.101.47.161	
	送信元ポート番号	20000			送信元ポート番号	10001	
	送信先IPアドレス	219.101.47.162			送信先IPアドレス	219.101.47.162	
	送信先ポート番号	80			送信先ポート番号	80	

NAPTテーブル
192.168.0.100:20000　　219.101.47.161:10000
192.168.0.101:20000　　219.101.47.161:10001

　IP ヘッダの書き換えはすでにサンプルを紹介しました。変換テーブルの管理を効率良く行うことに注意して、TCP ／ UDP ヘッダのポート番号を書き換えた際に TCP ／ UDP ヘッダのチェックサムの再計算を忘れないようにすれば、技術的には問題なく作成できると思います。ぜひチャレンジしてみてください。

　勉強以外にルーターを自作するメリットは、やはりルーターで中継しながら特殊な処理を実現できることでしょう。

　私が最初にルーターを作ろうと考えたのは、複数回線を使い、負荷を分散させることにより、回線の高速化を検討しているときでした。もちろん VPN も、ルーターにすることでブリッジに比べて余計なパケットを減らすことができます。また、特殊なルールでフィルタをかけたい場合や、パケットの流れを変えたい場合にも、自作したソフトであれば自由に行えます。

　なお、このサンプルではシンプルにするために IPv4 のみを対象にしました。IPv6 では ARP の代わりに NDP（Neighbor Discovery Protocol）で対象 IP アドレスに対する MAC アドレスを調べます。IPv6 対応もチャレンジしてみましょう。

また、ネットワークエンジニアの方にとっては「ルーターと言えば経路制御がポイント」という方も多いと思います。本書のサンプルでは、インターネット側に上位ルーターを1つ指定して、その先の経路は上位ルーターに任せて、仕組みを簡略化しています。本書では流れるパケット自体に着目した話題を紹介しましたので、最低限必要な、IPアドレスに対応するMACアドレスを調べるARP以外には触れませんでした。

　経路制御には、スタティック・ルーティングとダイナミック・ルーティングがあります。小さな組織内などではそれほど経路の数が多くなく、変更も少ないということで、スタティック・ルーティングがよく使われます。経路情報が固定的なのでネットワーク到達性が安定しているというのもメリットです。一方でインターネット全体を考えると、経路は常に追加変更されているようなもので、その都度たくさん存在するルーターの経路情報を書き換えるのは現実的ではありません。プロバイダで使うようなルーターにはダイナミック・ルーティングが効果的です。

　ダイナミック・ルーティングではルーティング・プロトコルを使い、ルーター同士が経路情報を交換しながら、最適な経路を選択します。ある地点から別のある地点への経路は複数存在し、どの経路を選択するかは研究テーマになるような難しい課題です。

　現在のインターネットは複数の自律システム（AS：Autonomous System）の集合体と考えられています。各AS内部のルーティングに使用されるルーティング・プロトコルを「IGP：Interior Gateway Protocol」、AS間のルーティングに使用されるルーティング・プロトコルを「EGP：Exterior Gateway Protocol」と呼び、それぞれ以下のものが存在します。

- ・IGP　→　RIP、RIP2、OSPF、IS-IS、IGRP/EIGRP
- ・EGP　→　BGP、EGP

それぞれ、TCP を使うものや UDP を使うものなど、プロトコルもまったく別物で、ここで詳細には説明できません。興味がある方は調べて、実装してみると良い勉強になるでしょう。

本書のサンプルを複数の経路を指定できるように応用することは簡単だと思います。ルーティングプロトコルで経路情報を自動で生成するようなプログラムを用意して連携させてみるのも楽しいでしょう。

あとがき

　パケットキャプチャ、ブリッジ、ルーターと作ってみて、「パケットの気持ち」の理解は深まりましたでしょうか。

　コンピュータやネットワークが社会で当たり前に使われるようになるとともに、開発環境のブラックボックス化も進みました。それこそフレームワークを使ってWebシステムの開発をするような場合には、ネットワークの存在をほとんど考えずにプログラミングができてしまいます。しかし、ネットワークシステムの問題が起きたときに原因の解析や対策を行うためには、ネットワークの仕組みが理解できていないとなかなか苦戦するものです。

　一般的なソケットプログラミングでできるレベルも大切ですが、途中経路の問題まで考えようとする場合には、パケットの流れを理解できているととても役立ちます。パケットキャプチャを使いこなせるだけでもかなり役立ちますが、キャプチャでパケットを見るだけでなく、自分でリンクレイヤーのパケットを扱ってみるとより深く理解できます。パケットキャプチャを自作するだけでもだいぶ違うのですが、キャプチャは受信だけです。どうせならリンクレイヤーでイーサーネットパケットを自分で送出してみたいものです。送受信を行うということで思いつくのがブリッジやルーターということで、本書ではブリッジ、ルーターの自作を紹介してみました。

　ポイントを理解しやすくするために、本物のブリッジやルーターに比べるとだいぶ機能を簡略化しました。あとは読者の皆さんがこだわってみてください。「リンクレイヤーでのプログラミングができれば、ネットワークでできることはほとんどすべてできる」といっても過言ではありません。

あとがき

　さらにヒントとして、1台のホストで複数のネットワークインターフェースがあると、ブリッジやルーター以外にもまだまだ遊べます。たとえば、回線遅延測定システムもすばらしいものができます。一般的に回線遅延を測定するためには、2台のホストを使い、pingのように片側からパケットを送出して、もう片側で受信して応答を送信し、送出側に戻るまでの時間を測定します。これは往復遅延時間（Round Trip Time）を測定したことになります。「片側の遅延時間（latency）は半分にすればよい」というものではなく、ネットワーク回線は上りと下りで性能が異なることもあるものです。

　ところが、片側の遅延時間はそう簡単には測定できません。2台のホストの時刻をぴったり合わせることが難しいからです。「1台のホストに複数のネットワークインターフェースがあれば、自分で送出して同じホストの他方のネットワークインターフェースで受信すれば測定できる」と思いませんか？でも、そう簡単にはいかないのです。同一ホスト宛のパケットはネットワークインターフェースから出て行かず、カーネル内でループバックを通ってしまうので、測定できないのです。

　そんなときに、リンクレイヤーでパケットを扱えれば目的を実現できるのです。リンクレイヤーでインターフェースから送出すれば、同一ホストだろうが何だろうが必ずパケットは出て行きます。私が開発した「EthdelayPro」の測定機能はその仕組みでパケットの遅延のばらつきを簡単に測定できるように製品化しました。もちろん、遠く離れた2点間を測定するのは物理的に困難ですけれど。

　私の勤務先では、ブリッジやルーターのように、世の中に存在するものを自作して、独自機能を盛り込んで製品や特注品を開発する際に、「オレオレなんとか」という呼び方をしています。「オレオレブリッジ」「オレオレルーター」という感じです。中継するタイプでは「オレオレDHCPリレーエージェント」「オレオレMTA（Mail Transfer Agent）」「オレオレHTTPリバースプロキシ」などたくさん作っています。作ると楽しいというのはもちろんですが、実は「こんな機能も追加したい」などの実験がと

ても簡単にできるからです。

　インターネットを対象とするシステムの開発では、机上の設計通りにいかないことが多いのです。世の中本当にさまざまなパケットが飛び交っています。インターネットを飛び交う本物のパケットを中継している場所で実験するのは最高の検証なのです。

　イーサーネットのパケットを自由に扱えるようになった読者の皆さん、解き放たれた自由な発想で、パケットの理解を深めながら楽しいシステムを作り出してみてください！

　この本へのコメントは、Twitter で以下のハッシュタグでシェアしてください。

#router_jisaku

　皆様の感想をお待ちしています！

謝辞

　本書の誕生のきっかけは、私がブログでブリッジやルーターの開発の話題を書いていたのを、技術評論社の傳智之様が見つけて『『自作でわかるネットワークの仕組み』といった感じで本を執筆していただけませんか」とお声がけいただいたのがきっかけでした。

http://blogs.itmedia.co.jp/komata/2010/06/post-ec89.html

　メールをいただいた翌日にはお会いして意気投合。このような非常にマニアックな内容の本を書かせていただくチャンスをくださった傳様に感謝いたします。

　私が初めて 2000 年に著書を執筆した際にも、きっかけは個人ホームページで C 言語講座を書いていたからで、11 冊目の著書のきっかけもブログでの情報発信。あらためて情報発信の大切さを感じています。

あとがき

　編集を担当していただいた五味明子さん、本文デザインと組版を手がけてくださった秋山裕之さん、装丁を手がけていただいた遠藤陽一さんにもお礼申し上げます。

　勤務先で厳しくご指導いただいている横山会長には、プログラマへの道を選ぶきっかけをいただいたことに始まり、ビジネスの難しさを教えていただき、感謝しています。

　勤務先の仲間たちにも恵まれています。難しい仕事でも何とかする力のすばらしさはもちろん、それぞれのメンバーが、それぞれ得意分野を持ち、支援しあえる関係はすばらしいものです。メンバーの皆のがんばりも、本書誕生を支えてくれたわけで、感謝しています。

　20 年以上、IT 業界で仕事を続けてこられたのは、すてきなお客さんの存在のおかげです。マニアックで楽しい相談を持ちかけていただいたおかげでノウハウがたまりましたし、私のミスも大きな心で許していただいたりと、とても感謝しています。

　オルタナティブ・ブログ、LBI、ニフティクラウドワーキンググループ、WIDE プロジェクトをはじめとしたさまざまなコミュニティの存在も私にとって大切な場所です。直接・間接を問わず、関係していただいている皆様に感謝します。

　会社や客先ではイケイケ状態なのに、自宅ではトドのような私を慕ってくれている、妻と二人の子供たちの存在は、私のエネルギーの源です。感謝しています。

　最後に、本書を手にとってくださった読者の皆様に感謝すると共に、本書が皆様のお役に立てることを祈り、締めくくりとさせていただきます。

Index 索引

A

AnalyzePacket()............. 68, 145, 166, 175
AppendSendData() 143, 144
AppendSendReqData() 164
ARP...................... 14, 21, 24, 27, 125, 127
ARPOP_REPLY...29
ARPOP_REQUEST..29
ARP テーブル 27, 127, 141, 161, 162
ARP パケット................................28, 71, 160
ARP ヘッダ...82, 86
ARP リクエスト
.... 31, 127, 134, 160, 162, 166
ARP レスポンス 31, 127, 134

B

bind()..48
brctl..105
Bridge() 113, 149
bridge-utils..105
BufferSend() 146, 147, 168, 170
BufferSendOne() 171, 176
BufThread().......................................149, 171

C

close() 52
cond 168

D

DATA_BUF 134
DebugPerror()..116
DebugPrintf() 116
device 46

Device..108, 136
DIX 25

E

Echo Reply 89
Echo Request..89
EGP 183
EndFlag........................ 108, 111, 136, 145
EndSignal() 113, 149
Ethernet アドレス..26
Ethernet パケット.........14, 25, 28, 44, 125
Ethernet ヘッダ......50, 83, 110, 142, 155
ether_type 80
ETHERTYPE_IP...28
ETHERTYPE_IPV6.....................................70
ETH_P_ALL...47
ETH_P_IP...47

F

fprintf(stderr,...) 109, 137

H

HUB 16
hwaddr 143

I

ICMP... 37
ICMP Time Exceeded 139, 142
ICMP_TIME_EXCEEDED 38
ICMPv6 パケット..72
ICMPv6 ヘッダ..90
ICMP パケット....................................... 72, 139

ICMP ヘッダ 89
IFF_PROMISC 49
IGP 183
inet_ntop() 83
InitRawSocket() 51
ioctl() 48
IP 31
Ip2Mac() 141, 143
IP2MAC 134
IP2MAC_NG_TIMEOUT_SEC 162
Ip2Macs 162
Ip2MacSearch() 166, 168, 169, 177
IP2MAC_TIMEOUT_SEC 162
ipOnly 46
IPv4 .... 31, 181
IPv6 .... 31, 182
IPv6 ヘッダ 88
IP アドレス 17, 21, 29, 31
IP パケット 75, 125, 139, 142
IP ヘッダ 87
IP マスカレード 181

L
L2 スイッチ 16

M
MAC アドレス
 .... 16, 21, 26, 29, 125, 127, 182
MAC アドレステーブル 104
MAC アドレスの書き換え 126
main() 51
make 55
MAX_BUCKET_SIZE 175

N
NAPT 181
NAT 19
NDP 182
NextRouter 136

O
OSI 参照モデル 15, 22
OUI 26

P
Param 108, 136
Param.DebugOut 118, 137, 178
PCAP 57
perror() 109, 137
PF_PACKET 47
poll() 145
PPPoE 19
PrintEtherHeader() 52
promiscFlag 46
pthread_cond_signal() 170
pthread_join() 149

R
RARP 24
read() 52, 145
Router() 147, 149

S
SendArpRequestB() 166
sendBuf.c 177
SEND_DATA 134
SendReq 169
SEND_REQ_DATA 168
SIOCG 48
SIOCGIFFLAGS 49
SIOCS 48
soc 48
SOCK_RAW 47
struct ether_arp 71
struct icmp 72
struct icmp6_hdr 72
struct in_addr 147
struct ip 75
struct iphdr 75, 83
struct pollfd 145

struct tcphdr	73
struct udphdr	74

T

TCP	22
tcpdump	102
TCP/IP	22, 23
TCP パケット	73
TCP ヘッダ	91
TTL	34, 144
TTY	113

U

UDP	22
UDP/IP	22
UDP パケット	74
UDP ヘッダ	91
u_int8_t	82
u_int32_t	83

W

write()	160, 167

か行

階層	22, 32
疑似ヘッダ	93
グローバル IP アドレス	31
グローバルアドレス	181

さ行

スタティック・ルーティング	183
セグメント	32
送信バッファ	132
送信待ちデータ	132
ソケット API	14
ソケットディスクリプタ	108

た行

ダイナミック・ルーティング	183
タイムアウト	164
多重呼び出し	82
チェックサム	75, 92, 144, 158, 182
チェックサム計算関数	94
ディスクリプタ	45, 111, 145, 149
データリンク層	15, 44
同一セグメント	120

な行

ネットワークアドレス	32
ネットワークインターフェース	51, 105, 124, 128
ネットワークインターフェース名	46
ネットワークセグメント	180
ネットワーク層	17

は行

パケット	24
パケットキャプチャ	62, 102
物理層	16
フラグ	34
フラグメンテーション	33
フラグメントオフセット	34
ブリッジ	15, 20, 104, 120
ブリッジ処理	113
ブロードキャスト	16, 27, 140
ブロードキャストアドレス	26
プロトコル	22, 35
プロトタイプ宣言	98
プロミスキャスモード	49
ホストアドレス	32

ま行

無限ループ	52

ら行

リピーター	16
リンクレイヤー	139, 160
ルーター	17, 20, 32, 124, 181
ローカルアドレス	181

著者プロフィール

小俣　光之（こまた　みつゆき）
日本シー・エー・ディー株式会社　代表取締役社長

1989年新卒で入社後、プログラマとして仕事を続け、2005年11月から社長となるがプログラマも兼務している。
以前はCADシステムやWEB、データベースなどのプログラミングもしていたが、最近はネットワーク関連の製品・特注品の開発を中心に仕事をしている。
メンバーとの共著『Linuxネットワークプログラミングバイブル』（秀和システム 刊）に続き、本書は11冊目の著書となる。

【Blog】プログラマー社長のブログ（ITmedia オルタナティブ・ブログ）
　　　　http://blogs.itmedia.co.jp/komata/
【Twitter】@mkomata

◆装丁：DESIGN WORKSHOP JIN　遠藤陽一
◆本文デザイン・レイアウト：SeaGrape
◆編集：五味明子
◆担当：傳 智之

ルーター自作でわかるパケットの流れ
～ソースコードで体感するネットワークのしくみ

2011年 8月10日　初　版　第1刷発行

著　者　小俣光之（こまたみつゆき）
発行者　片岡 巖
発行所　株式会社技術評論社
　　　　東京都新宿区市谷左内町 21-13
　　　　電話　03-3513-6150　販売促進部
　　　　　　　03-3513-6166　書籍編集部
印刷／製本　株式会社加藤文明社

定価はカバーに表示してあります。

本書の一部または全部を著作権法の定める範囲を超え、無断で複写、複製、転載、テープ化、ファイルに落とすことを禁じます。

©2011　小俣光之

造本には細心の注意を払っておりますが、万一、乱丁（ページの乱れ）や落丁（ページの抜け）がございましたら、小社販売促進部までお送りください。送料小社負担にてお取り替えいたします。

ISBN978-4-7741-4745-1 C3055
Printed in Japan

●問い合わせについて
　本書に関するご質問は、FAXか書面でお願いいたします。電話での直接のお問い合わせにはお答えできませんので、あらかじめご了承ください。また、下記のWebサイトでも質問用フォームを用意しておりますので、ご利用ください。
　ご質問の際には、書籍名と質問される該当ページ、返信先を明記してください。e-mailをお使いになられる方は、メールアドレスの併記をお願いいたします。ご質問の際に記載いただいた個人情報は質問の返答以外の目的には使用いたしません。
　お送りいただいたご質問には、できる限り迅速にお答えするよう努力しておりますが、場合によってはお時間をいただくこともございます。なお、ご質問は、本書に記載されている内容に関するもののみとさせていただきます。

◆問い合わせ先
〒162-0846
東京都新宿区市谷左内町 21-13
株式会社技術評論社　書籍編集部
「ルーター自作でわかるパケットの流れ」係
FAX：03-3513-6167
Web：http://gihyo.jp/book/2011/978-4-7741-4745-1